国家出版基金项目
NATIONAL PUBLICATION FOUNDATION

中国热带海岸带
野生果蔬资源

WILD FRUIT
AND VEGETABLE PLANTS
IN TROPICAL COASTAL ZONE OF CHINA

王瑞江 / 主编

SPM 南方出版传媒
广东科技出版社 | 全国优秀出版社
·广 州·

图书在版编目（CIP）数据

中国热带海岸带野生果蔬资源 / 王瑞江主编．—广州：广东科技出版社，2019.5
ISBN 978-7-5359-7097-8

Ⅰ．①中…　Ⅱ．①王…　Ⅲ．①野生植物—水果—植物资源—华南地区②野生植物—蔬菜—植物资源—华南地区　Ⅳ．①S66②S647

中国版本图书馆 CIP 数据核字（2019）第 062811 号

责任编辑：罗孝政　尉义明
封面设计：柳国雄
责任校对：谭　曦
责任印制：彭海波
出版发行：广东科技出版社
　　　　　（广州市环市东路水荫路 11 号　邮政编码：510075）
http：//www.gdstp.com.cn
E-mail：gdkjyxb@ gdstp.com.cn（营销）
E-mail：gdkjzbb@ gdstp.com.cn（编务室）
经　　销：广东新华发行集团股份有限公司
印　　刷：广州市岭美彩印有限公司
　　　　　（广州市荔湾区花地大道南海南工商贸易区 A 幢　邮政编码：510385）
规　　格：889 mm×1 194 mm　1/16　印张 10.75　字数 250 千
版　　次：2019 年 5 月第 1 版
　　　　　2019 年 5 月第 1 次印刷
定　　价：90.00 元

本书得到以下研究项目的资助
Financially Supported by

中国科学院战略先导科技专项（Strategic Priority Research Program of the Chinese Academy of Sciences）
南海生态环境变化（XDA13020602）

中国科学院科技服务网络计划项目（The STS Program of the Chinese Academy of Sciences）
中国植物园联盟建设（Ⅱ期）：本土植物全覆盖保护计划（KFJ-3W-No.1）

内容简介

海岸地区的野生果蔬资源能适应较为恶劣的盐生环境，可以为人类提供基本的营养需求。在近 5 年野外调查的基础上，筛选出 125 种抗逆性较强、可食性较高的适生于我国海岸带地区的野生果蔬植物，并对它们的形态特征、生境、繁殖方法、食用部位及方法、采摘时间等进行了简要介绍。本书配有精美的植物照片可为识别植物提供帮助，也可为海岸带生态恢复和农业发展等提供重要的基础数据和科学指导。

Summary

The wild fruit and vegetable plants in coastal areas can adapt to the severe halophyte environment and may provide basic nutrients for human beings. A selective of 125 coastal wild fruit and vegetable plants with high adaptability and edibility were summarized systematically on basis of the five-year field investigation in tropical coastal zone of China. Their morphology, habitat, reproductive methods, edible organs and collecting time were introduced briefly. The excellent photos accompanied with each plant can help people identify the species. This book may serve as an important tool for coastal ecological restoration and agriculture development.

前 言

海岸带是海洋向陆地过度的地带，是陆地、海洋、大气间相互作用最为活跃的地带。海岸土壤含有丰富的有机质和养分，为海岸带植物的生长提供了有利的基础条件。野生果蔬植物除了能满足人们的基本营养需求外，有些还具有药食两用的功能。随着人们生活水平的日益提高和对食品安全关注度的不断增加，而越来越受到人们的青睐。另外，在粮食和蔬菜缺乏时，野生果蔬往往可以发挥重要的替代作用并挽救人们的生命。

统计表明，我国福建、广东、海南、广西及香港的海岸线长约 11 913.5 km，海岸带总面积（不包括香港）约 78 580 km^2（王瑞江 等，2017）。漫长的海岸地带、众多的海岛和良好的热带亚热带气候孕育了丰富的植物资源，这为筛选野生果蔬植物提供了先天优势。

在野生果蔬植物种类的选择上，本书主要收录了对海岸的干旱、高温、强光、盐碱和贫瘠等逆境有潜在抗性且在民间或文献记载中可以食用的植物种类，少量栽培后逸生的物种也有收录。编著者在过去的 5 年多的时间里，多次赴我国华南沿海地区进行野生果蔬植物资源的调查，通过走访当地群众、资料查阅和营养成分分析，确定了适应性广、适用性强、适食性高的 53 科和 103 属 125 种野生果蔬植物。在这些种类的归属和排序上遵从了《广东维管植物多样性编目》（王瑞江，2017）中的分类系统。

感谢华南植物园陈忠毅研究员、李泽贤高级工程师对文稿提出宝贵意见，感谢吴健梅女士、袁浪兴先生和李镇魁先生提供部分照片。

由于野外调查范围和深度仍显不足，以及本人知识水平有限，书中难免会有错误，恳请各位读者批评指正。

广州，2018 年 7 月

Editors' Preface

The coastal zone is usually considered as an area from the ocean to the land, where there has the most active interaction among land, ocean, and atmosphere. The rich organic matters and nutrients accumulated in the coastal soils provide the most basic but important conditions for vegetable agriculture there.

The wild vegetables can satisfy people's basic nutritional requirement and some of them have medicinal effect. They have been attracting people's attention with the continuous improving of their life quality and increasing concerns to food safety. In addition, the wild vegetables would play an alternative role to save people's life while the traditional vegetables and foods are inadequate.

It was reported that there is a sum of about 11 913.5 km coastal line in Fujian, Guangdong, Hainan, Guangxi and Hong Kong, and the coastal zone area (excluding Hong Kong) is about 78 580 km^2 in these administrative regions. The rich plant diversity generated by the long coastal belt, plenty of islands and good tropical and subtropical climate provided a strong possibility for selecting the suitable wild vegetables and edible fruits.

The wild vegetables selected in this book should not only have the potential resistance to drought, high temperature, strong sunlight, high salinity and barren soil of coastal region but have ever been eaten by the folks or documented in previous literatures. A small number of feral cultivated species were also included because of their strong tolerance to the bad coastal environment.

In the past five years, the editor members have gone through an extensive field investigations in South China coastal area. After that, a number of 125 wild vegetables that have broad adaptability, practical applicability and favorite edibility were screened upon visiting the local people, consulting the literatures and nutrient analysis.

I would like to thank Professor Chen Zhongyi and Mr. Li Zexian for providing their valuable comments about the manuscript and plant identification, Miss Wu Jianmei, Mr. Yuan Langxing and Mr. Li Zhenkui for sharing their excellent digital images.

Finally, I would like to express my appreciation to the editorial members of this book for making this excellent book a reality.

Wang Ruijiang

Guangzhou, July 2018

目录 C o n t e n t s

第一章
热带海岸带野生果蔬资源的营养状况

野生果蔬资源是指经自然生长、未经人工栽培，其根、茎、叶、花或果实等器官可供人类食用的野生、半野生植物（关佩聪 等，2000）。野生果蔬植物生长在自然环境中，适应性广、抗逆性强，除了为人们提供食材和人体所必需的营养元素之外，经过适当的栽培驯化和开发推广还可以成为当地人们的经济来源，因此野生果蔬植物是宝贵的种质资源库。

我国劳动人民在秦汉时期就开始对野生果蔬植物有了应用。明代朱橚的《救荒本草》首次系统介绍了414种野菜的形态、产地、性味、毒性和食用方法，徐光启的《农政全书》对野菜的发展起到了巨大的推动促进作用。这一时期大量专著的问世，为中国野菜学的形成、发展奠定了坚实的基础。

在历史上的天旱之灾、蝗虫大灾、战争年代、长征时期和饥荒年代，所有能为人所食的野生果蔬都成了老百姓的"救命粮"和"革命草"，并承载着几代人的记忆。如今，靠野菜度日的日子早已成为历史，并且野菜的地位也大大得到提升，人们吃野菜是为了营养和调剂口味，并成为一种时尚元素。

海岸带作为水圈、岩石圈、生物圈及大气圈相结合的敏感地带，是自然资源最为丰富的地区，也是人口分布最密集的地带，海岸带又因此具有多方面的开发和利用价值。为了促进海岸带地区经济和农业发展，开发和利用适生海岸带的野生果蔬植物资源，需要对野生果蔬植物的资源状况和营养成分等进行全面调查和评价。

1. 野生果蔬植物营养成分测定

通过对福建中南部、广东、广西、海南海岸及其周边岛屿进行植物调查，筛选出125种野生果蔬植物，其中有37种常见的野生果蔬植物共109个样品做了野生果蔬植物营养成分测试，选取其可食部位进行了蛋白质、维生素 C、胡萝卜素、总膳食纤维、铁及钙6个营养指标含量的测定（测定方法见表1-1），综合评价其营养成分（表1-2）。

表 1-1　野生果蔬植物营养成分测定方法

检测项目	检测方法
蛋白质	GB 5009.5—2010 食品安全国家标准食品中蛋白质的测定凯氏定氮法
胡萝卜素	GB/T 5009.83—2003 食品中胡萝卜素的测定高效液相色谱法
维生素 C	GB/T 6195—1986 水果、蔬菜维生素 C 含量测定法（2,6- 二氯靛酚滴定法）附录 A 二甲苯 - 二氯靛酚比色法
钙	GB/T 5009.92—2003 食品中钙的测定原子吸收分光光度法
铁	GB/T 5009.90—2003 食品中铁、镁、锰的测定原子吸收光谱法
总膳食纤维	NY/T 1594—2008 水果中总膳食纤维的测定

营养成分综合评价以平均营养值（Average Nutritional Value, ANV）为参考标准（Grubben, 1977），即100g鲜样中可食部分所含的平均营养值：

$$ANV = \frac{蛋白质（g）}{5} + 总膳食纤维（g）+ \frac{钙（mg）}{100} + \frac{铁（mg）}{2} + 胡萝卜素（mg）+ \frac{维生素 C（mg）}{40}$$

2. 野生果蔬植物营养成分分析

表 1-2　野生果蔬植物营养成分测定结果

植物样品编号	土壤样品编号	采集地点	物种名	学名	含水量/%	蛋白质/(g100g⁻¹)	维生素C/(mg·100g⁻¹)	胡萝卜素/(mg·100g⁻¹)	总膳食纤维/g	铁/(mg·100g⁻¹)	钙/(mg·100g⁻¹)	平均营养值
P53	S14	广东惠州市惠东县平海古城	虾钳菜	*Alternanthera sessilis*	82.00（Sheela et al, 2004）	3.04	0.84	6.96	11.86	125.05	192.24	83.89
P61	S17	海南省澄迈县老城镇玉堂村	虾钳菜	*Alternanthera sessilis*	82.00（同上）	3.27	5.81	14.86	9.42	172.34	440.74	115.66
P76	S24	海南省东方市临高县上通天村	虾钳菜	*Alternanthera sessilis*	82.00（同上）	2.08	2.34	7.86	9.48	307.60	75.80	172.37
P142	S60	广东省中山市翠亨新区横门岛	虾钳菜	*Alternanthera sessilis*	82.00（同上）	2.17	0.77	42.03	12.29	19.68	182.54	66.43
P21	S08	福建省漳州市漳浦县六鳌镇东门新村	刺苋	*Amaranthus spinosus*	82.00（Jiménez-Aguilar et al, 2017）	3.21	1.41	33.12	11.85	139.48	203.20	117.42
P50	S14	广东汕尾市汕城县捷胜镇	刺苋	*Amaranthus spinosus*	82.00（同上）	2.11	0	0	11.34	213.37	305.36	121.50
P66	S17	海南省澄迈县老城镇东水港村	刺苋	*Amaranthus spinosus*	82.00（同上）	3.44	8.12	54.99	8.60	67.62	478.36	103.07
P83	S27	海南省三亚市海棠区海丰村	刺苋	*Amaranthus spinosus*	82.00（同上）	3.88	1.75	80.84	6.30	70.35	768.14	130.81
P98	S36	广东省湛江市东海岛大桥	刺苋	*Amaranthus spinosus*	82.00（同上）	4.41	0.13	5.45	7.99	79.90	388.91	58.17
P04	S03	广东省梅州市大浦县丰溪自然保护区	皱果苋	*Amaranthus viridis*	80.00（Jiménez-Aguilar et al, 2017）	5.77	1.71	158.90	13.45	99.32	302.04	226.23
P23	S08	福建省漳州市东山县陈城镇黄山村	皱果苋	*Amaranthus viridis*	80.00（同上）	5.74	11.47	—	11.90	91.03	156.36	60.41

（续表）

植物样品编号	土壤样品编号	采集地点	物种名	学名	含水量/%	蛋白质/ (g·100g⁻¹)	维生素C/ (mg·100g⁻¹)	胡萝卜素/ (mg·100g⁻¹)	总膳食纤维/ g	铁/ (mg·100g⁻¹)	钙/ (mg·100g⁻¹)	平均营养值
P42	S12	广东汕头市南澳县青澳湾	皱果苋	Amaranthus viridis	80.00（同上）	4.27	2.33	0	12.65	94.50	428.29	65.09
P46	S13	广东汕尾市陆丰县甲东镇东林村	皱果苋	Amaranthus viridis	80.00（同上）	3.84	9.17	20.60	11.66	50.03	753.02	65.80
P96	S34	广东省湛江市东海岛大桥	皱果苋	Amaranthus viridis	80.00（同上）	1.93	15.87	153.07	5.80	34.43	554.47	182.41
P115	S41	广东阳江市海陵岛白蒲圩	皱果苋	Amaranthus viridis	80.00（同上）	5.10	12.80	54.30	7.69	57.94	490.49	97.20
P129	S47	海南省万宁市石梅湾九里码头	皱果苋	Amaranthus viridis	80.00（同上）	5.30	16.72	85.79	7.54	4.01	641.64	103.22
P130	S48	海南省陵水黎族自治县海南湾省级自然保护区大墩村	皱果苋	Amaranthus viridis	80.00（同上）	5.31	0.14	175.30	9.59	6.18	374.38	192.79
P63	S17	海南省澄迈县老城镇玉堂村	皱果苋	Amaranthus viridis	80.00（同上）	4.28	0.15	7.34	8.76	190.72	684.01	119.16
P26	S09	福建省漳州市东山县陈城镇黄山村	落葵薯	Anredera cordifolia	93.60（梁毅 等, 2010）	0.13	ND	ND	3.42	34.55	807.80	28.80
P109	S37	广西北海市涠洲岛	落葵薯	Anreder acordifolia	93.60（同上）	0.79	4.20	36.32	3.00	11.72	107.88	46.53
P101	S37	广东省湛江市东海岛龙安村	五月艾	Artemisia indica	84.88（黄丽华 等, 2014）	3.32	1.86	48.99	7.23	32.41	243.23	75.57
P59	S17	海南省澄迈县老城镇玉堂村	宽叶十万错	Asystasia gangetica	85.00（Odhav et al, 2007）	3.18	4.41	74.10	7.19	65.38	363.13	118.35
P94	S34	海南省文昌市头苑镇头苑村	宽叶十万错	Asystasia gangetica	85.00（同上）	3.66	8.29	3.12	5.03	39.69	340.89	32.34

（续表）

植物样品编号	土壤样品编号	采集地点	物种名	学名	含水量/%	蛋白质/(g100g⁻¹)	维生素C/(mg·100g⁻¹)	胡萝卜素/(mg·100g⁻¹)	总膳食纤维/g	铁/(mg·100g⁻¹)	钙/(mg·100g⁻¹)	平均营养值
P119	S42	海南省文昌市文城镇霞场村	宽叶十万错	*Asystasia gangetica*	85.00（同上）	3.90	8.51	197.25	6.39	2.27	210.89	207.88
P126	S46	海南省万宁市港边村上坡X432附近	宽叶十万错	*Asystasia gangetica*	85.00（同上）	3.62	6.70	174.75	7.59	2.47	324.67	187.71
P120	S43	海南省文昌市文城镇霞场村	落葵	*Basella alba*	92.80（龚黎等，2008）	1.79	6.18	158.04	3.39	1.99	156.53	164.50
P14	S06	福建省漳州市龙海县港尾镇	青葙	*Celosia argentea*	87.60（Gupta et al, 2005）	2.56	6.63	47.99	8.39	58.00	93.73	86.99
P47	S13	广东汕尾市陆丰县甲东镇东林村	青葙	*Celosia argentea*	87.60（同上）	2.58	5.72	40.24	5.16	82.81	433.92	91.80
P49	S14	广东汕尾市汕城县捷胜镇	青葙	*Celosia argentea*	87.60（同上）	2.59	1.87	0	7.25	115.21	237.88	67.80
P70	S19	海南省临高县美良镇美良村	青葙	*Celosia argentea*	87.60（同上）	2.63	2.91	1.98	5.41	41.41	336.55	32.06
P81	S25	海南省三亚市海棠区青田村	青葙	*Celosia argentea*	87.60（同上）	2.17	4.25	15.13	5.43	43.95	286.48	45.93
P90	S32	海南省琼海市博鳌镇东坡村	青葙	*Celosia argentea*	87.60（同上）	2.15	4.13	2.29	0.31	17.41	229.89	14.13
P133	—	海南省三亚市南山港	积雪草	*Centella asiatica*	84.60（Joshi et al, 2013）	3.07	3.94	81.37	6.96	19.82	179.22	100.74
P140	S59	广东省珠海市唐家湾区琪澳岛	积雪草	*Centella asiatica*	84.60（同上）	2.06	2.52	32.11	9.60	17.44	195.24	52.85
P60	S17	海南省澄迈县老城镇玉堂村	饭包草	*Commelina benghalensis*	89.10（Gupta et al, 2005）	1.79	7.32	0.94	4.27	80.50	239.56	48.40

（续表）

植物样品编号	土壤样品编号	采集地点	物种名	学名	含水量/%	蛋白质/(g·100g⁻¹)	维生素C/(mg·100g⁻¹)	胡萝卜素/(mg·100g⁻¹)	总膳食纤维/g	铁/(mg·100g⁻¹)	钙/(mg·100g⁻¹)	平均营养值
P78	S24	海南省东方市临高县上通天村	饭包草	*Commelina benghalensis*	89.10（同上）	1.84	7.90	36.56	3.70	64.38	175.74	74.77
P30	S10	广东潮州市潮安县万峰林场凤凰山自然保护区	鸭跖草	*Commelina communis*	91.80（Ogle et al, 2001）	1.80	6.56	26.36	5.36	63.50	103.33	65.03
P36	S11	广东潮州市潮安县万峰林场凤凰山自然保护区	鸭跖草	*Commelina communis*	91.80（同上）	1.03	1.42	0	5.28	86.21	73.13	49.36
P99	S37	广西北海市涠洲岛	鸭跖草	*Commelina communis*	91.80（同上）	1.42	3.05	34.44	3.51	27.62	103.33	53.15
P74	S22	海南省东方市临高县上通天村	闭鞘姜	*Costus speciosus*	91.40（赵天瑞等，2004）	0.91	3.86	ND	3.29	13.08	179.57	11.91
P11	S05	福建省漳州市龙海县港尾镇	野茼蒿	*Crassocephalum crepidioides*	91.96（黄秋生等，2008）	2.01	0.75	ND	4.33	73.91	28.07	41.99
P67	S18	海南省澄迈县老城镇东水港村	野茼蒿	*Crassocephalum crepidioides*	91.96（同上）	1.53	3.34	14.39	4.01	22.56	165.15	31.72
P34	S11	广东潮州市潮安县万峰林场凤凰山自然保护区	白簕	*Eleutherococcus trifoliatus*	68.80（李文芳等，2013）	4.11	3.94	0	19.04	70.90	153.82	56.95
P39	S12	广东汕头市南澳县菁澳湾	白簕	*Eleutherococcus trifoliatus*	68.80（同上）	6.45	25.86	41.81	17.77	36.20	111.36	80.72
P37	S11	广东汕头市南澳县菁澳湾	一点红	*Emilia sonchifolia*	92.49（黄丽华等，2014）	1.83	1.30	0	5.88	38.89	107.58	26.80
P92	S32	海南省文昌市头苑镇头苑村	一点红	*Emilia sonchifolia*	92.49（同上）	1.44	1.50	32.82	3.46	31.82	41.72	52.93
P108	S37	广西北海市涠洲岛	一点红	*Emilia sonchifolia*	92.49（同上）	1.42	2.91	29.66	3.61	35.77	131.54	52.83

（续表）

植物样品编号	土壤样品编号	采集地点	物种名	学名	含水量/%	蛋白质/(g100g⁻¹)	维生素C/(mg·100g⁻¹)	胡萝卜素/(mg·100g⁻¹)	总膳食纤维/g	铁/(mg·100g⁻¹)	钙/(mg·100g⁻¹)	平均营养值
P136	S57	广东省珠海市唐家湾区琪澳岛	一点红	*Emilia sonchifolia*	92.49（同上）	1.87	3.22	41.15	3.36	8.50	123.93	50.45
P33	S11	广东潮州市潮安县万峰林场凤凰山自然保护区	刺芫荽	*Eryngium foetidum*	86.57（Singh et al, 2011）	2.30	2.08	4.41	8.39	65.15	62.36	46.51
P95	S34	海南省文昌市头苑镇头苑村	刺芫荽	*Eryngium foetidum*	86.57（同上）	1.89	11.55	26.73	5.58	71.79	47.78	69.34
P69	S19	海南省临高县调楼镇大宝村	薜荔	*Ficus pumila*	77.56（吴文珊 等, 1999）	1.69	7.29	1.43	13.45	13.29	210.93	24.16
P134	S51	海南省东方市鱼鳞洲	白子菜	*Gynura divaricata*	63.61（Jaiboon et al, 2010）	4.08	5.39	259.42	17.60	19.10	577.62	293.30
P89	S32	海南省万宁市东澳镇乌场村大洲岛	白子菜	*Gynura divaricata*	63.61（同上）	6.99	ND	114.08	21.54	49.46	491.33	166.67
P135	—	—	拟鼠麴草	*Pseudognaphalium affine*	85.00（关佩聪 等, 2013）	2.33	4.16	84.69	10.52	9.73	159.28	102.24
P07	S04	福建省漳州市南靖县乐土西林自然保护区	地毯	*Melastoma dodecandrum*	87.18（石冬梅 等, 2000）	1.01	2.70	ND	8.63	18.09	53.95	18.48
P29	S10	福建省漳州市山东县陈城镇黄山村	山苦瓜	*Momordica charantia*	90.50（庄东红 等, 2005）	1.55	2.81	1.00	6.29	8.15	92.67	12.68
P102	S37	广西北海市涸洲岛	山苦瓜	*Momordica charantia*	90.50（同上）	1.34	8.76	1.13	0.20	8.39	30.35	6.31
P82	S26	海南省三亚市海棠区海丰村	海巴戟	*Morinda citrifolia*	88.87（王珏, 2010）	1.11	20.34	0.61	6.03	19.66	122.92	18.43
P19	S07	福建省漳州市漳浦县六鳌镇东门新村	仙人掌	*Opuntia dillenii*	81.68（Cota-Sánchez, 2016）	1.72	8.83	3.73	13.08	26.72	412.44	34.85

（续表）

植物样品编号	土壤样品编号	物种名	学名	含水量/%	蛋白质/(g100g⁻¹)	维生素C/(mg·100g⁻¹)	胡萝卜素/(mg·100g⁻¹)	总膳食纤维/g	铁/(mg·100g⁻¹)	钙/(mg·100g⁻¹)	平均营养值
P71	S19	仙人掌 *Opuntia dillenii*	海南省临高县波莲镇鲁臣村	81.68（同上）	1.57	7.48	3.69	6.49	30.43	1373.74	39.63
P79	S24	仙人掌 *Opuntia dillenii*	海南省三亚市海棠区海棠湾	81.68（同上）	2.28	10.80	5.88	6.26	21.88	1231.06	36.11
P113	S39	仙人掌 *Opuntia dillenii*	广西北海市冠头岭	81.68（同上）	1.16	1.76	0.16	7.63	14.24	796.17	23.15
P35	S11	酢浆草 *Oxalis corniculata*	广东潮州市潮安县万峰林场凤凰山自然保护区	82.42（Jain et al, 2010）	3.03	3.39	32.61	9.91	673.15	22.19	380.01
P56	S15	露兜树 *Pandanus tectorius*	广东惠州市惠东县平海古城	80.00（Adkar et al, 2014）	3.31	2.63	1.95	15.89	21.23	43.06	29.62
P72-1	S20	露兜树 *Pandanus tectorius*	海南省临高县波莲镇鲁臣村	80.00（同上）	4.03	0.18	ND	11.24	50.35	664.52	43.87
P72-2	S20	露兜树 *Pandanus tectorius*	海南省临高县南宝镇煤矿	80.00（同上）	0.93	14.35	ND	13.40	14.94	231.93	23.73
P87-1	S30	露兜树 *Pandanus tectorius*	海南省三亚市陵水县光坡镇港尾新村香水湾	80.00（同上）	1.75	0.44	0	7.05	23.54	1109.89	30.28
P87-2	S30	露兜树 *Pandanus tectorius*	海南省万宁市东澳镇乌场村大洲岛	80.00（同上）	2.51	6.41	0.08	13.46	11.42	483.29	24.74
P103-1	S37	露兜树 *Pandanus tectorius*	广西北海市涠洲岛	80.00（同上）	4.28	3.62	ND	7.42	18.37	1789.38	35.45
P103-2	S37	露兜树 *Pandanus tectorius*	广西北海市涠洲岛	80.00（同上）	0.81	8.53	0.28	13.75	26.14	249.04	29.97
P16	S06	余甘子 *Phyllanthus emblica*	福建省漳州市龙海县港尾镇	79.80（Barthakur et al, 1991）	0.85	31.97	8.27	14.63	11.81	11.91	29.90
P110	S38	车前草 *Plantago asiatica*	广西北海市涠洲岛	84.70（赵雨云等, 2008）	2.70	9.36	35.80	6.98	63.01	600.49	81.07

植物样品编号	土壤样品编号	采集地点	物种名	学名	含水量/%	蛋白质/(g100g⁻¹) 蛋白质/(g100g⁻¹)	维生素C/(mg·100g⁻¹)	胡萝卜素/(mg·100g⁻¹)	总膳食纤维/g	铁/(mg·100g⁻¹)	钙/(mg·100g⁻¹)	平均营养值
P03	S03	广东省梅州市五华县大田镇嶂下村	马齿苋	*Portulaca oleracea*	92.00（Odhav et al, 2007）	0.99	2.94	23.80	4.88	42.32	27.57	50.39
P22	S08	福建省漳州市漳浦县六鳌镇东门新村	马齿苋	*Portulaca oleracea*	92.00（同上）	1.30	3.36	ND	4.91	41.52	22.96	26.25
P27	S09	福建省漳州市东山县陈城镇黄山村	马齿苋	*Portulaca oleracea*	92.00（同上）	1.60	3.18	15.44	4.84	106.48	25.61	74.18
P45	S13	广东省汕尾市陆丰县甲东镇东林村	马齿苋	*Portulaca oleracea*	92.00（同上）	0.99	0.24	17.44	4.38	122.55	130.85	84.61
P57	S15	海南省澄迈县老城镇玉堂村	马齿苋	*Portulaca oleracea*	92.00（同上）	1.75	0	122.80	4.78	72.72	171.94	166.00
P68	S18	海南省澄迈县老城镇文大村	马齿苋	*Portulacaoleracea*	92.00（同上）	0.86	2.88	0.85	0.97	580.68	7.32	292.48
P77	S24	海南省东方市临高县上通天村	马齿苋	*Portulaca oleracea*	92.00（同上）	2.03	3.74	21.39	1.05	282.97	16.00	164.58
P80	S25	海南省三亚市海棠区海湾	马齿苋	*Portulaca oleracea*	92.00（同上）	0.84	2.98	14.04	2.73	149.72	78.68	92.66
P106	S37	广西北海市涠洲岛	马齿苋	*Portulaca oleracea*	92.00（同上）	1.38	3.49	25.04	2.36	40.73	168.49	49.81
P124	S45	海南省琼海市潭门镇草塘村	马齿苋	*Portulaca oleracea*	92.00（同上）	1.15	5.87	34.00	4.38	0.92	108.98	40.31
P127	S47	海南省万宁市港边村上坡 X434 附近	马齿苋	*Portulaca oleracea*	92.00（同上）	1.11	6.42	44.04	4.43	2.77	125.42	51.49
P137	S57	广东省珠海市唐家湾区琪澳岛	马齿苋	*Portulaca oleracea*	92.00（同上）	1.57	4.51	84.40	4.28	2.68	120.12	91.65
P118	S42	海南省文昌市文城镇霞场村	守宫木	*Sauropus androgynus*	82.09（林宏凤 等, 2009）	4.65	10.33	242.68	7.91	1.88	192.22	254.64

（续表）

植物样品编号	土壤样品编号	采集地点	物种名	学名	含水量/%	蛋白质/(g100g⁻¹)	维生素C/(mg·100g⁻¹)	胡萝卜素/(mg·100g⁻¹)	总膳食纤维/g	铁/(mg·100g⁻¹)	钙/(mg·100g⁻¹)	平均营养值
P122	S44	海南省琼海市潭门镇石碗村	海马齿	*Sesuvium portulacastrum*	80.93（杨成龙等，2010）	2.72	7.83	97.45	9.17	2.03	165.23	110.02
P131	S49	海南省三亚市海棠湾青田村	海马齿	*Sesuvium portulacastrum*	80.93（同上）	2.83	6.75	110.60	7.35	1.52	83.13	120.28
P132	S50	海南省三亚市南山港	海马齿	*Sesuvium portulacastrum*	80.93（同上）	2.69	8.82	110.43	6.73	9.63	108.30	123.82
P24	S09	福建省漳州市东山县陈城镇黄山村	少花龙葵	*Solanum americanum*	70.48（丁利君等，2005）	8.66	14.54	ND	18.61	93.06	241.52	69.65
P54	S15	广东省惠州市惠东县平海古城	少花龙葵	*Solanum americanum*	70.48（同上）	8.11	4.10	161.18	17.44	60.21	491.53	215.36
P86	S30	海南省三亚市陵水县光坡镇港尾新村香水湾	少花龙葵	*Solanum americanum*	70.48（同上）	6.51	12.17	7.59	14.39	134.08	701.56	97.64
P100	S37	广东省湛江市东海岛大桥	少花龙葵	*Solanum americanum*	70.48（同上）	5.93	12.50	82.95	8.83	78.59	517.66	137.75
P116	S41	广东省阳江市海陵岛白蒲圩	少花龙葵	*Solanum americanum*	70.48（同上）	8.52	13.83	208.07	10.42	122.28	599.78	287.68
P121	S44	海南省文昌市文城镇霞场村	少花龙葵	*Solanum americanum*	70.48（同上）	10.24	11.94	810.32	10.43	6.23	733.89	833.55
P138	S58	广东省珠海市唐家湾区珠海大桥1号码头	少花龙葵	*Solanum americanum*	70.48（同上）	4.96	16.52	172.54	17.38	24.18	500.75	208.42
P41	S12	广东省汕头市南澳县青澳湾	水茄	*Solanum torvum*	79.89（Andarwulan et al, 2012）	2.73	17.00	2.83	9.05	14.37	36.72	20.39
P48	S13	广东省汕尾市汕城县捷胜镇	水茄	*Solanum torvum*	79.89（同上）	3.04	18.90	3.87	9.81	11.31	51.45	20.93

（续表）

植物样品编号	土壤样品编号	采集地点	物种名	学名	含水量/%	蛋白质/(g·100g⁻¹)	维生素C/(mg·100g⁻¹)	胡萝卜素/(mg·100g⁻¹)	总膳食纤维/g	铁/(mg·100g⁻¹)	钙/(mg·100g⁻¹)	平均营养值
P55	S15	广东惠州市惠东县平海古城	水茄	*Solanum torvum*	79.89（同上）	4.17	19.76	0	14.55	15.75	86.12	24.62
P13	S06	福建省漳州市龙海县港尾镇	苦荬菜	*Sonchus oleraceus*	90.00（王跃强，2008）	1.80	ND	ND	0	16.88	89.32	9.70
P15	S06	福建省漳州市龙海县港尾镇	苦荬菜	*Sonchus oleraceus*	90.00（同上）	1.30	2.41	51.75	6.56	19.58	70.15	69.13
P25	S09	福建省漳州市东山县陈城镇黄山村	苦荬菜	*Sonchus oleraceus*	90.00（同上）	2.60	2.30	ND	6.51	21.75	124.31	19.21
P40	S12	广东汕头市南澳县青澳湾	苦荬菜	*Sonchus oleraceus*	90.00（同上）	1.24	1.75	0	6.57	30.29	90.01	22.91
P52	S14	广东汕尾市汕城县捷胜镇	苦荬菜	*Sonchus oleraceus*	90.00（同上）	1.25	0.90	4.57	5.80	13.41	199.89	19.34
P112	S39	广西北海市涠洲岛	苦荬菜	*Sonchus oleraceus*	90.00（同上）	2.10	2.30	48.70	4.39	122.57	215.81	117.01
P62	S17	海南省澄迈县老城镇玉堂村	棱轴土人参	*Talinum fruticosum*	89.80（Leite et al,2009）	2.05	3.75	25.76	4.08	32.19	89.19	47.33
P107	S37	广西北海市涠洲岛	土人参	*Talinum paniculatum*	91.50（杨暹 等，2002）	1.85	2.40	26.78	3.25	43.47	92.12	53.11
P123	S45	海南省琼海市潭门镇石碗村	番杏	*Tetragonia tetragonioides*	94.00（杨兆祥 等，2011）	1.04	2.05	63.30	2.63	0.71	140.39	67.94
P38	S12	广东汕头市南澳县青澳湾	黄鹌菜	*Youngia japonica*	89.10（张纬霞 等，2006）	2.27	1.20	26.43	7.76	373.02	102.16	222.21
P111	S39	广西北海市涠洲岛	黄鹌菜	*Youngia japonica*	89.10（同上）	1.80	2.69	78.37	3.10	487.48	233.98	327.98

注：ND 为未检测到（not detected）。

野生蔬菜都含有一定数量的蛋白质、维生素、纤维素、矿物质元素等。蛋白质是生命的物质基础，是组成人体的一切细胞、组织的重要成分，蛋白质是人体重要的营养物质，也是食品中重要的营养指标。

在 100g 野生果蔬植物的鲜样中，营养成分平均营养值较高的有 15 种，分别是少花龙葵（P121-833.55）、酢浆草（P35-380.01）、黄鹌菜（P38-327.98）、白子菜（P134-293.30）、马齿苋（P68-292.48）、守宫木（P118-254.64）、皱果苋（P04-226.23）、宽叶十万错（P119-207.88）、虾钳菜（P76-172.37）、落葵（P120-164.50）、刺苋（P83-130.81）、海马齿（P132-123.82）、苦苣菜（P112-117.01）、拟鼠麹草（P135-102.24）、积雪草（P133-100.74）。

在 109 个样品中，蛋白质含量超过 5%（每 100g 可食部位的含量，下同）的有 13 个样品，4 种野生果蔬植物，如少花龙葵（P121-S44、P24-S09、P116-S41、P54-S15、P86-S30、P100-S37）、白子菜（P89-S31）、白簕（P39-S12）、皱果苋（P04-S03、P23-S08、P130-S48、P129-S47、P115-S41）。

维生素是维持机体正常生命活动不可缺少的一类物质，维生素 C 是一种水溶性维生素，具有抗坏血的功能，故又被称为抗坏血酸素。在 109 个样品中，维生素 C 含量达 10mg/100g 以上的样品有 20 个，共 10 种，分别有余甘子（P16-S06）、白簕（P39-S12）、海滨木巴戟（P82-S26）、水茄（P55-S15、P48-S13、P41-S12）、皱果苋（P129-S47、P96-S34、P115-S41、P23-S08）、少花龙葵（P138-S58、P24-S09、P116-S41、P100-S37、P86-S30）、露兜树（P72-2-S20）、刺苋菱（P95-S34）、仙人掌（P79-S24）、守宫木（P118-S42）。

食物中的粗纤维能够预防和治疗肥胖、高血脂、高血糖等与现代生活方式有关的疾病，总膳食纤维含量 10% 以上的有 28 个样品，共 12 种，分别是白簕（P34-S11、P39-S12）、白子菜（P89-S31、P134-S51）、少花龙葵（P24-S09、P54-S15、P138-S58、P86-S30、P121-S44、P116-S41）、露兜树（P56-S15、P103-2-S37、P87-2-S30、P72-2-S20、P72-1-S20）、余甘子（P16-S06）、水茄（P55-S15）、皱果苋（P04-S03、P42-S12、P23-S08、P46-S13）、薜荔（P69-S19）、仙人掌（P19-S07）、虾钳菜（P142-S60、P53-S14）、刺苋（P21-S08、P50-S14）、拟鼠麹草（P135）。

铁元素是人体必需微量元素，在人体内分布广，几乎遍及所有组织，铁是血红蛋白的重要组成部分，担任着输送、交换氧气的重任。在 109 个样品中，铁元素达到 100mg/100g 以上的样品有 18 个，大多数样品（73 个）在 10~100mg/100g，分别占 16% 和 67%。钙是人体含量最多的无机元素，也是构成人体骨骼和牙齿的重要组成成分，也是细胞和血液中的生理活性物质。有 19 个样品钙元素含量达到 500mg/100g 以上，62 个样品在 100~500mg/100g，分别占 17% 和 57%。综上来看，野生果蔬植物具有较丰富的营养价值，值得进一步发掘和利用。

第二章
热带海岸带野生果蔬资源采集地土壤状况

土壤是植物生长的最基础条件。在我国海岸带土壤资源中，滨海盐土和水稻土的面积最大，分别占海岸带土壤资源总面积的 27.44% 和 17.34%。广东省和海南省分布着全国面积最大的滨海风沙土，约有 $1.88 \times 10^5 hm^2$，其次是福建和广西，面积分别为 $4.0 \times 10^4 hm^2$ 和 $1.8 \times 10^4 hm^2$（巴逢辰 等，1994）。因此，在筛选海岸带经济植物时要考虑到其是否能够适应滨海盐化土壤条件，并能正常生长，完成其生活史。

1. 土壤理化性质测定

为了评价海岸带果蔬植物的抗逆性，对海岸带果蔬植物的立地条件进行土壤养分及土壤环境的检测，在调查取样过程中，选取了 60 个野生果蔬植物采集地的土壤样品进行土壤有机质、酸碱度、全氮、全磷、全钾、碱解氮、速效磷、速效钾、阳离子交换量（CEC）以及盐分 10 个指标的检测（测定标准见表 2-1），其中有 42 个土壤样品与 109 个野生果蔬植物可食部位的营养成分检测样品对应。

表 2-1 土壤理化性质测定标准

测定项目	测定标准
有机质	LY/T 1237—1999 森林土壤有机质的测定及碳氮比的计算
全氮	LY/T 1228—1999 森林土壤全氮的测定
全磷	LY/T 1232—1999 森林土壤全磷的测定
全钾	LY/T 1234—1999 森林土壤全钾的测定
碱解氮	LY/T 1229—1999 森林土壤水解性氮的测定
速效磷	LY/T 1233—1999 森林土壤有效磷的测定
速效钾	LY/T 1236—1999 森林土壤速效钾的测定
阳离子交换量	LY/T 1243—1999 森林土壤阳离子交换量的测定
盐分	LY/T 1251—1999 森林土壤水溶性盐分分析
pH	LY/T 1239—1999 森林土壤 pH 值的测定

根据全国第二次土壤普查养分分级标准（表 2-2）和土壤理化性质分级标准（表 2-3）对每一个指标成分进行评分（表 2-4）。除酸碱度外，得分越高表明该地土壤肥力状况越差，表示产于该地的野生果蔬植物抗逆性越强。

表 2-2 全国第二次土壤普查养分分级标准

分级	有机质 / $(g \cdot kg^{-1})$	全氮 / $(g \cdot kg^{-1})$	全磷 / $(g \cdot kg^{-1})$	全钾 / $(g \cdot kg^{-1})$	碱解氮 / $(mg \cdot kg^{-1})$	速效磷 / $(mg \cdot kg^{-1})$	速效钾 / $(mg \cdot kg^{-1})$
1	> 40	> 2	> 1	> 25	> 150	> 40	> 200
2	30~40	1.5~2	0.8~1	20~25	120~150	20~40	150~200
3	20~30	1~1.5	0.6~0.8	15~20	90~120	10~20	100~150
4	10~20	0.75~1	0.4~0.6	10~15	60~90	5~10	50~100
5	6~10	0.5~0.75	0.2~0.4	5~10	30~60	3~5	30~50
6	< 6	< 0.5	< 0.2	< 5	< 30	< 3	< 30

表 2-3 土壤理化性质分级标准

分级	阳离子交换 / cmol（+）·kg⁻¹	盐分 / （g·kg⁻¹）	pH
1	＞ 20	非盐渍土，＜ 0.03	＜ 4.5
2	10~20	弱盐渍土，0.03~0.05	4.5~5.5
3	＜ 10	中盐渍土，0.05~0.1	5.5~6.5
4	—	强盐渍土，0.1~0.22	6.5~7.5
5	—	盐土，＞ 0.22	7.5~8.5
6	—	—	8.5~9.5
7	—	—	＞ 9.5

表 2-4 野生果蔬植物产地土壤理化成分测定结果

土壤样品编号	有机质 / （g·kg⁻¹）	全氮 / （g·kg⁻¹）	全磷 / （g·kg⁻¹）	全钾 / （g·kg⁻¹）	碱解氮 / （mg·kg⁻¹）	速效磷 / （mg·kg⁻¹）	速效钾 / （mg·kg⁻¹）	阳离子交换量 / cmol（+）·kg⁻¹	水含量 / %	盐分 / （g·kg⁻¹）	pH
S1	134	5.69	0.666	23.4	455	2.82	305	31.1	34.16	1.205	5.58
S2	34.1	1.81	0.437	34.3	147	2.26	166	13	22.96	0.242	6.19
S3	4.67	0.272	0.212	24.9	30.1	1.23	64.5	9.15	16.32	0.015	4.46
S4	6.93	0.297	0.453	3.97	63.6	1.7	153	8.77	24.95	0.015	5.43
S5	27.3	1.86	0.686	22.5	172	5.43	69.2	14.6	22.31	0.21	5.02
S6	8.46	0.603	0.881	8.78	35.4	5.15	121	41.2	7.38	0.785	6.8
S7	19.9	1.13	0.297	12.2	33.2	3.85	33.4	6.15	1.16	0.12	6.77
S8	18.7	0.951	0.647	13.4	65.6	20.5	182	4.79	11.78	0.465	7.35
S9	25.6	1.25	0.601	25.2	79.7	31.6	202	7.8	22.84	0.538	7.81
S10	6.28	0.396	0.174	32	33	2.59	39.9	5.99	6.96	0.305	7.43
S11	4.63	0.247	0.083	23.9	40.3	1.61	56.1	6.44	18.9	0.07	4.54
S12	11.3	0.708	0.258	18.4	57.7	2.17	36.2	18.8	11.94	1.115	7.57
S13	13.9	0.801	0.455	4.71	31.6	7.39	116	6.718	12.93	0.353	7.89
S14	9.18	0.544	0.461	13.6	46.3	9.08	68.3	2.78	7.28	0.318	7.8
S15	46.9	2.69	0.663	9.45	92.5	8.33	121	11.3	8.99	0.37	6.41
S16	12	0.707	0.332	0.75	129	10.1	24.9	36.6	22.37	0.285	5.78
S17	23.5	1.11	1.09	8.76	64.8	10.5	131	8	13.3	0.529	7.95
S18	6.21	0.338	0.289	12.7	12.4	5.21	44.1	2.83	1.1	0.325	8.45
S19	9.44	0.467	0.747	4.25	43.7	6.18	124	32	16	0.54	8

（续表）

土壤样品编号	有机质 /（g·kg⁻¹）	全氮 /（g·kg⁻¹）	全磷 /（g·kg⁻¹）	全钾 /（g·kg⁻¹）	碱解氮 /（mg·kg⁻¹）	速效磷 /（mg·kg⁻¹）	速效钾 /（mg·kg⁻¹）	阳离子交换量 / cmol（+）·kg⁻¹	水含量 / %	盐分 /（g·kg⁻¹）	pH
S20	34.4	2.05	1.5	4.89	121	42.9	1059	13.1	14.9	1.305	7.91
S21	6.16	0.371	0.432	26.9	5.37	3.32	9.26	1.13	1.3	0.104	8.38
S22	16.9	0.771	0.212	2.48	69.6	2.03	40.2	5.19	14.1	0.235	5.73
S23	8.1	0.338	0.18	23.1	9.14	1.34	3.45	1.69	1.7	0.1	7.09
S24	11.8	0.536	0.438	24.9	82.8	32.9	217	3.79	11.9	0.365	5.86
S25	6.41	0.405	0.267	27.4	11.1	1.93	10.7	1.02	8.4	0.15	7.28
S26	9.78	0.596	0.238	29.9	28.2	5.84	47	3.57	10.1	0.515	6.79
S27	14.3	0.801	0.612	22	50.3	25.7	100	5.2	16.7	0.315	7.48
S28	9.96	0.521	0.278	27.5	139	0.675	78.9	6.22	8.5	0.295	8.15
S29	3.85	0.238	0.298	10.3	6.36	2.46	17	1.47	6.3	0.21	8.26
S30	2.99	0.258	0.572	7.59	5.43	2.86	2.01	0.575	5.6	0.11	8.28
S31	68.9	4.52	0.439	25.5	308	2.76	387	9.11	25.5	0.383	6.04
S32	49.6	2.59	1.2	8.91	94.6	14.4	113	12.3	11.1	0.2	7.56
S33	11.9	0.516	0.256	2.32	28.4	4.38	9.26	3.5	14.2	0.25	7.06
S34	10.5	0.557	0.267	7.79	23.1	6.1	2.86	3.41	7.7	0.285	6.97
S35	14.1	0.726	0.801	3.87	22.7	21.4	24.8	3.3	6.5	0.285	7.46
S36	33.4	1.769	1.55	6.68	73.6	47	146	12.7	15.1	0.365	7.74
S37	32.4	1.849	0.886	11.1	78.3	24.4	185	14.7	11.8	0.374	7.18
S38	8.62	0.596	0.829	12.4	20.7	11.4	75	10.1	8.8	0.305	7.76
S39	2.56	0.239	0.282	2.72	5.57	4.25	24.7	1.69	3.1	0.61	8.17
S40	69.3	3.856	0.572	12.1	218	4.58	69.7	10.1	9.3	0.69	7.28
S41	15.2	0.675	0.599	24.3	109	5.51	68.2	4.97	6.7	0.41	7.95
S42	26.28	1.604	0.735	4.24	80.19	24.42	47.55	8.45	6.93	0.52	7.29
S43	72.22	3.486	0.87	8.29	236.08	64.19	248.53	11	22.06	0.63	7.54
S44	10.17	0.54	0.408	9.07	41.12	13.08	51.45	5.2	5.7	0.38	7.71
S45	5.16	0.376	0.376	6.15	13.09	12.76	8.53	0.9	2.93	0.26	8.15
S46	38.61	2.389	1.778	19.61	73.65	24.12	46.58	8.36	6.52	0.41	7.53
S47	4.72	0.245	0.273	17.27	4.83	0.77	7.55	1.13	0.58	0.33	8.06

（续表）

土壤样品编号	有机质 /（g·kg⁻¹）	全氮 /（g·kg⁻¹）	全磷 /（g·kg⁻¹）	全钾 /（g·kg⁻¹）	碱解氮 /（mg·kg⁻¹）	速效磷 /（mg·kg⁻¹）	速效钾 /（mg·kg⁻¹）	阳离子交换量 / cmol（+）·kg⁻¹	水含量 / %	盐分 /（g·kg⁻¹）	pH
S48	13.79	1.113	0.837	30.44	62.19	34.08	123.65	5.65	2.73	1.82	7.38
S49	16.98	0.818	0.301	3.71	76.92	4.9	197.8	0.68	16.06	8.85	7.18
S50	4.03	0.346	0.24	43.17	9	1.58	95.84	1.02	2.02	6.49	8.15
S51	27.59	1.407	3.298	24.78	21.28	8.85	69.99	5.2	3.75	0.28	7.82
S52	4.51	0.34	0.362	35.12	15.56	10.71	33.89	1.13	5.42	0.28	8.16
S53	40.12	2.921	2.81	42	203.35	92.18	265.11	11.1	11.76	4.56	6.99
S54	29.65	1.427	1.551	1.27	21.44	9.72	16.33	4.52	6.88	0.3	8.13
S55	34.19	1.17	3.649	5.27	36.58	14.99	77.8	10.2	8.01	0.52	8.12
S56	65.81	3.748	0.734	0.93	160.63	238.83	100.23	16.3	25.01	1.37	8.06
S57	19.23	1.064	0.786	23.71	78.59	16.09	263.16	11	20.22	0.53	7.0
S58	28.19	1.62	0.473	15.41	86.9	6.74	129.5	11.3	12.69	0.64	7.62
S59	24.35	1.457	0.245	42.59	87.56	1.07	91.45	8.07	13.98	0.38	5.83
S60	2.98	0.212	0.51	38.05	14.23	1.12	156.8	7.23	12.7	0.9	7.75

2. 土壤理化性质分析

结合野生果蔬植物营养成分分析，平均营养值较高的野生果蔬植物有 33 个样品共 14 种野生果蔬植物，所对应的土壤养分评分见表 2-5。

表 2-5　部分野生果蔬植物产地土壤理化性质分级评价

植物样品编号	土壤样品编号	采集地点	物种名	平均营养值	有机质	全氮	全磷	全钾	碱解氮	速效磷	速效钾	阳离子交换量	盐分	pH
P121	S44	海南文昌市文城镇霞场村	少花龙葵	833.55	4	5	4	5	5	3	4	3	1	5
P35	S11	广东潮州市潮安县万峰林场	酢浆草	380.01	6	6	6	2	5	6	4	3	1	2
P111	S39	广西北海市涠洲岛	黄鹌菜	327.98	6	6	5	6	6	5	6	3	1	5
P134	S51	海南省东方市鱼鳞洲	白子菜	293.30	3	3	1	2	6	4	4	3	1	5
P68	S18	海南澄迈县老城镇文大村	马齿苋	292.48	5	6	4	4	6	4	5	3	1	5
P116	S41	广东阳江市海陵岛白蒲圩	少花龙葵	287.68	4	5	4	2	3	4	4	3	1	5

（续表）

植物样品编号	土壤样品编号	采集地点	物种名	平均营养值	级别									
					有机质	全氮	全磷	全钾	碱解氮	速效磷	速效钾	阳离子交换量	盐分	pH
P118	S42	海南文昌市文城镇霞场村	守宫木	254.64	3	2	3	6	4	2	5	3	1	4
P04	S03	广东梅州市五华县大田镇嶂下村	皱果苋	226.23	6	6	5	2	5	6	4	3	1	1
P38	S12	广东汕头市南澳县青澳湾	黄鹌菜	222.21	4	5	5	3	5	6	5	2	1	5
P54	S15	广东惠州市惠东县平海古城	少花龙葵	215.36	1	1	3	5	3	4	3	2	1	3
P138	S58	广东珠海市唐家湾区珠海大桥	少花龙葵	208.42	3	2	4	3	4	4	3	2	1	5
P119	S42	海南文昌市文城镇霞场村	宽叶十万错	207.88	3	2	3	6	4	2	5	3	1	4
P130	S48	海南陵水县大墩村	皱果苋	192.79	4	3	2	1	4	2	3	3	1	4
P126	S46	海南万宁市港边村	宽叶十万错	187.71	2	1	1	3	4	2	5	3	1	5
P96	S34	广东湛江市东海岛	皱果苋	182.41	4	5	5	5	6	4	6	3	1	4
P76	S24	海南东方市临高县上通天村	虾钳菜	172.37	4	5	4	2	4	2	1	3	1	3
P89	S31	海南省万宁市东澳镇乌场村	白子菜	166.67	1	1	4	1	1	6	1	3	1	3
P57	S15	海南澄迈县老城镇玉堂村	马齿苋	166.00	1	1	3	5	3	4	3	2	1	3
P77	S24	海南东方市临高县上通天村	马齿苋	164.58	4	5	4	2	4	2	1	3	1	3
P120	S43	海南文昌市文城镇霞场村	落葵	164.50	1	1	2	5	1	1	1	2	1	5
P100	S37	广东湛江市东海岛	少花龙葵	137.75	2	2	2	4	4	2	2	3	1	4
P83	S27	海南省三亚市海棠区海丰村	刺苋	130.81	4	4	3	2	5	2	3	3	1	4
P132	S50	海南三亚市海棠湾青田村	海马齿	123.82	6	6	5	1	6	6	3	3	3	5
P50	S14	广东汕尾市汕城县捷胜镇	刺苋	121.50	5	5	4	4	5	4	4	3	1	5
P131	S49	海南陵水县大墩村	海马齿	120.28	4	4	5	6	4	5	2	3	3	4
P63	S17	海南澄迈县老城镇玉堂村	皱果苋	119.16	3	3	1	5	4	3	3	3	1	5
P59	S17	海南澄迈县老城镇玉堂村	宽叶十万错	118.35	3	3	1	5	4	3	3	3	1	5
P21	S08	福建漳州市漳浦县六鳌镇东门新村	刺苋	117.42	4	4	3	4	4	2	3	3	1	4
P112	S39	广西北海市涠洲岛	苦苣菜	117.01	6	5	6	6	5	6	3	3	1	6
P61	S17	海南澄迈县老城镇玉堂村	虾钳菜	115.66	3	3	1	5	4	3	3	3	1	5

（续表）

植物样品编号	土壤样品编号	采集地点	物种名	平均营养值	级别									
					有机质	全氮	全磷	全钾	碱解氮	速效磷	速效钾	阳离子交换量	盐分	pH
P122	S44	海南文昌市文城镇霞场村	海马齿	110.02	4	5	4	5	5	3	4	3	1	5
P129	S47	海南万宁市港边村	皱果苋	103.22	6	6	5	3	6	6	6	3	1	5
P66	S17	海南澄迈县老城镇东玉堂村	刺苋	103.07	3	3	1	5	4	3	3	3	1	5

在 33 个平均营养值较高的野生果蔬植物样品中，土壤评分中等以下的点，有机质有 19 个，pH 有 26 个，全氮 18 个，全磷 18 个，全钾 19 个，碱解氮 28 个，速效磷 17 个，速效钾 16 个，阳离子交换量 33 个。说明所取样的野生果蔬植物营养成分较高的产地土壤养分条件普遍较差。其中 2 个地点为中盐渍土，分别是 P131-S49 和 P132-S50 海马齿，产地分别为海南省陵水黎族自治县海南南湾省级自然保护区大墩村和海南省三亚市海棠湾青田村，其平均营养值分别为 120.28 和 123.82。而平均营养值 200 以上的 12 个样品中，少花龙葵有 4 个，其余的分别是酢浆草、黄鹌菜、白子菜、马齿苋和皱果苋，说明华南海岸带野生果蔬植物在土壤肥力条件不佳的情况下能够保持较高的生物量产出，且其营养成分非常可观，质量优良，具有重要的利用价值。

土壤养分评价分级 1 级为最高，6 级为最低。有机质是土壤肥力的标志性植物，含有丰富的植物所需养分，并能调节土壤的理化性质，是衡量土壤养分的重要指标。在 60 个土样中，中等以下（即 4 分以上，下同）的样点，有机质有 38 个，全氮 35 个，全磷 35 个，全钾 32 个，碱解氮 46 个，速效磷 37 个，速效钾 35 个，阳离子交换量 56 个（2 分以上，下同），盐分（3 分以上，下同）21 个（表 2-6）。评分结果表明华南海岸带土壤肥力和土壤环境条件整体偏差。

表 2-6 60 个土壤样品的养分分级分布情况

分级	有机质 / (g·kg⁻¹)	全氮 / (g·kg⁻¹)	全磷 / (g·kg⁻¹)	全钾 / (g·kg⁻¹)	碱解氮 / (mg·kg⁻¹)	速效磷 / (mg·kg⁻¹)	速效钾 / (mg·kg⁻¹)
1	8	10	9	14	7	5	8
2	6	6	6	10	4	9	6
3	8	9	10	4	3	9	11
4	16	5	13	18	15	13	13
5	12	13	19	11	12	6	9
6	10	17	3	13	19	18	13

土壤阳离子交换量的高低影响着土壤缓冲能力好坏，它是评价土壤保肥能力、改良土壤和合理施肥的重要依据。土壤阳离子交换量越高，表明其缓冲能力越好，即土壤保肥能力越好。在所调查取样的 60 个样点中，阳离子交换量大于 20cmol/kg 的样点仅 4 个，小于 10cmol/kg 的样点高达 40 个（表 2-7），说明华南海岸带野生果蔬植物调查取样点的土壤保肥能力较差。

土壤盐分过多会损害植物、阻碍植物正常生长发育，在所调查取样的 60 个点中，有 57 个点为非盐渍土，1

个点为弱盐渍土，2个点为中盐渍土（表2-7）。植物在中盐渍土以上生存就会出现困难，调查结果表明华南海岸带土壤盐化程度较低，但仍有取样点存在土壤盐化现象，对土壤的盐化趋势仍旧不能忽视，故在选取适生野生种质资源时，应注重选取盐化地区适应性较强的物种。

土壤酸碱度是土壤的基本特性，是影响土壤肥力的重要因素之一，在60个样品中，有一半的土壤表现为强酸性至中性（pH < 7.5），其中中性土壤有18个点，其余30个点的土壤偏碱性（pH为7.5~8.5），说明华南海岸带地区土壤存在碱化现象，但仍能勉强满足大部分植物对土壤酸碱度的要求（表2-7）。

表2-7　60个土壤样品中的阳离子交换、盐分和pH在各等级中分布状况

分级	级别		
	阳离子交换 / cmol（+）·kg^{-1}	盐分 /（g·kg^{-1}）	pH
1	4	57	1
2	16	1	3
3	40	2	8
4	—	0	18
5	—	0	30

注："—"表示不适用；括号内的数字表示土壤样点的数量。

第三章
热带海岸带野生果蔬资源

1. 凤尾蕨科 Pteridaceae

（1）卤蕨 *Acrostichum aureum* L.

形态特征：植株高达 2m。叶簇生；一回羽状复叶，多达 30 对，全缘，上部的羽片较小，能育。叶厚革质，干后黄绿色，光滑。孢子囊满布能育羽片下面，无盖。

生境：多生于沿海红树林泥滩或河岸边；常见。

繁殖方法：孢子繁殖。

食用部位及方法：拳卷的嫩叶；过热水并用凉水浸泡后可凉拌或炒食。

采摘时间：春、夏季幼叶萌发时，即可采摘。

推荐等级：★★★☆☆

2. 番荔枝科 Annonaceae

（2）瓜馥木 *Fissistigma oldhamii*（Hemsl.）Merr.

形态特征：攀援灌木。叶革质，叶面无毛。花1~3 朵集成密伞花序；外轮花瓣卵状长圆形，内轮花瓣长 2cm，宽 6mm；雄蕊长圆形。果圆球状。

生境：生于海岸沙地灌丛；常见。

繁殖方法：种子繁殖。

食用部位及方法：成熟果皮和果肉；可生食，味酸甜。

采摘时间：果实于当年秋冬季成熟后即可采食。

推荐等级：★★★☆☆

推荐等级：★★★☆☆

（3）紫玉盘 *Uvaria macrophylla* Rocb.

形态特征：直立灌木。全株均被黄色星状柔毛，
老渐无毛或几无毛。叶革质，长倒卵形或长椭圆形。
花 1~2 朵，与叶对生，暗紫红色或淡红褐色。成熟心
皮卵球形或短柱形，成熟时紫黑色。

生境：生于海岸山坡灌丛中。

繁殖方法：种子繁殖。

食用部位及方法：成熟果；生食。

采摘时间：果实于夏、秋、冬季成熟后，即可采摘。

（4）大花紫玉盘 *Uvaria grandiflora* Roxb. ex Hornem.

形态特征：攀援灌木。全株密被黄褐色星状柔毛至绒毛。叶纸质或近革质。花单朵，与叶对生，紫红色或深红色，大形；花瓣卵圆形或长圆状卵圆形；雄蕊长圆形或线形。果长圆柱状。

生境：生于海岸灌丛中或丘陵疏林中；常见。

繁殖方法：种子繁殖（王秀丽 等，2013）。

食用部位及方法：成熟果皮和果肉；可生食（王秀丽 等，2013）。

采摘时间：果实多于秋季成熟变黄后，即可采摘。

推荐等级：★★★★☆

3. 露兜树科 Pandanaceae

（5）露兜树 *Pandanus tectorius* Parkinson

形态特征：常绿灌木或小乔木。具气根。叶簇生于枝顶。雄花序穗状；佛焰苞近白色；雄花芳香，雄蕊常为 10~25 枚；雌花序头状，单生枝顶；佛焰苞多枚，乳白色，心皮 5~12 枚合为一束，子房上位。聚花果大而悬垂，熟时橘红色；核果束倒圆锥形，柱头宿存。

生境：生于海边沙地；常见。

繁殖方法：种子繁殖、分株繁殖。

食用部位及方法：嫩茎、果；嫩茎切丝炒食；果内胚乳可生食，也可煮水饮用。

采摘时间：嫩茎多于春、夏季生长期采摘；果实于春季至秋季成熟后变红，即可采摘。

推荐等级：★★★☆☆

4. 菝葜科 Smilacaceae

（6）菝葜 *Smilax china* L.

形态特征：攀援灌木。具根状茎。叶薄革质或坚纸质，圆形或卵形；有卷须。伞形花序生于幼嫩小枝，花多数，球形；花单性；花绿黄色；雌花与雄花大小相似，有6枚退化雄蕊。浆果熟时红色，有粉霜。

生境：生于海岸林下、灌丛中、路旁、河谷或山坡上；常见。

繁殖方法：种子繁殖、组织培养。

食用部位及方法：根状茎、嫩梢，成熟果；根状茎提取淀粉、嫩梢炒食（关佩聪 等，2013），成熟果可生食。

采摘时间：嫩茎和嫩叶常于春、夏季抽出；果实多于秋季成熟，变红。

推荐等级：★★★★☆

5. 石蒜科 Amaryllidaceae

（7）薤白 *Allium macrostemon* Bunge

形态特征：多年生草本。鳞茎近球状，鳞茎外皮带黑色。叶半圆柱状或三棱状半圆柱形，中空，上面具沟槽。花葶圆柱状，伞形花序半球状至球状，花多而密集，兼具珠芽或有时全为珠芽；花淡紫色或淡红色。

生境：生于山坡、丘陵草地上；福建沿海常见。

繁殖方法：珠芽繁殖、鳞茎繁殖。

食用部位及方法：嫩叶或鳞茎；作蔬菜炒食。

采摘时间：春季采摘嫩叶，夏季采收鳞茎。

推荐等级：★★★★☆

6. 天门冬科 Asparagaceae

（8）天门冬 *Asparagus cochinchinensis*（Lour.）
Merr.

形态特征：攀援状亚灌木。根中部或末端成纺锤状膨大。茎平滑，分枝具棱或狭翅。叶状枝常 3 枚成簇，扁平或呈锐三棱形；茎上的鳞片状叶基部延伸为硬刺。浆果熟时红色，种子 1。

生境：生于山坡、疏林或荒地上；海边、海岛常见。

繁殖方法：种子繁殖、分株繁殖。

食用部位及方法：嫩茎或块根；可生食或煮食。

采摘时间：常于春季采摘嫩茎；植株生长 2~3 年后可采收块根。

推荐等级：★★★★☆

7. 棕榈科 Arecaceae

（9）水椰 *Nypa fruticans* Wurmb

形态特征：根茎粗壮。叶羽状全裂。花序长 1m
或更长；雄花序荑黄状；雌花序头状或球状；果序球
形，有 32~38 个成熟心皮，中果皮肉质具纤维，内
果皮海绵状。种子近球形或阔卵球形，胚乳白色，中
空。

生境：生于海边湿地，常与红树林伴生或为纯
林。

繁殖方法：种子繁殖。

食用部位及方法：嫩果可生食或糖渍；花序用于
酿酒。

采摘时间：花序于夏季抽出后取用；幼果于秋季
取食。

推荐等级：★★☆☆☆

8. 鸭跖草科 Commelinaceae

（10）饭包草 *Commelina benghalensis* L.

形态特征：多年生披散草本。总苞片漏斗状；萼片膜质，披针形，无毛；花瓣蓝色，圆形；内面2枚具长爪。蒴果椭圆状。

生境：海岸湿润处或近湿地岸边；常见。

繁殖方法：种子繁殖、扦插繁殖。

食用部位及方法：嫩茎叶；炒食（Swapna et al, 2011）。

采摘时间：在生长期可随时采摘，春、夏季时更为适宜。

推荐等级：★★★☆☆

（11）鸭跖草 *Commelina communis* L.

形态特征：一年生披散草本。茎匍匐生根。总苞片佛焰苞状，与叶对生，折叠状，展开后为心形；聚伞花序；萼片膜质，花瓣深蓝色。蒴果椭圆形，有种子4颗。种子棕黄色。

生境：海岸湿生环境；常见。

繁殖方法：茎节繁殖、种子繁殖。

食用部位及方法：嫩茎叶；炒食（王世敏 等，2011）。

采摘时间：可在其生长期随时采摘，但春、夏季较适宜。

推荐等级：★★★☆☆

9. 闭鞘姜科 Costaceae

（12）闭鞘姜 *Costus speciosus*（J. Koenig）Sm.

形态特征：株高 1~3m，顶部分枝旋卷。穗状花序顶生；花冠白色或顶部红色；唇瓣宽喇叭形，纯白色；雄蕊花瓣状，白色，基部橙黄。蒴果稍木质红色；种子黑色，光亮。

生境：林缘、山谷湿地、路边草丛、荒坡、水沟边等；常见。

繁殖方法：分株繁殖、种子繁殖。

食用部位及方法：嫩茎；炒食（赵国祥 等，2009）。

采摘时间：在生长季节均可采取，当以春、夏季为宜。

推荐等级：★★★★★

10. 禾本科 Poaceae

（13）柠檬草 *Cymbopogon citratus*（DC.）Stapf

　　形态特征： 多年生密丛型具香味草本。伪圆锥花序；总状花序轴节间及小穗柄边缘疏生柔毛，顶端膨大或具齿裂。第一颖背部扁平或下凹成槽；第二外稃狭小，无芒或具短芒尖。

　　生境： 多为栽培，适生于各种环境。

　　繁殖方法： 分蘖或分株繁殖。

　　食用部位及方法： 嫩茎叶；用作香料（用叶子捆扎肉类等烹煮以增加香味）。

　　采摘时间： 四季均可采摘。

　　推荐等级： ★★★★★

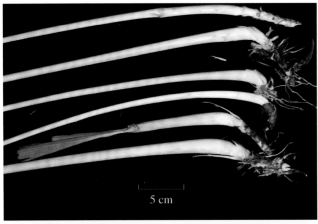

（14）大白茅 *Imperata cylindrica*（L.）Raeusch. var. *major*（Nees）C. E. Hubb.

形态特征：多年生草本。具粗壮的长根状茎。秆直立，节常具髯毛，偶尔无毛。叶鞘聚集于秆基；秆生叶片窄线形，质硬，被白粉。圆锥花序下部稍疏松，小穗长 2.5~4.5mm。颖果椭圆形。

生境：生于海岸沙地或开阔地。

繁殖方法：分蘖繁殖。

食用部位及方法：地下茎、嫩花、嫩芽；根部嚼食其汁液，嫩花、嫩芽炒食。

采摘时间：花和芽于春、夏季采摘，地下茎于秋、冬季挖取。

推荐等级：★★★★☆

11. 豆科 Fabaceae

（15）海刀豆 *Canavalia rosea*（Sw.）DC.

形态特征：粗壮草质藤本。羽状复叶，小叶3。总状花序腋生；花1~3朵聚生于花序轴近顶部；花萼钟状；花冠紫红色。荚果线状长圆形；种子椭球形，种皮褐色。

生境：海岸沙地；广布。

繁殖方法：种子繁殖、扦插繁殖。

食用部位及方法：幼嫩的绿色种子可煮食；完全干燥并成熟后的种子可能会有小毒，必须在煮熟并多次用水浸泡后方可食用（Bhagya et al，2010）。

采摘时间：夏末或秋季豆子成熟后采摘。

推荐等级：★★★☆☆

（16）蝶豆 *Clitoria ternatea* L.

形态特征：攀援状草质藤本。小叶 5~7，两面疏被贴伏的短柔毛。花单生叶腋；花萼膜质，5 裂；花冠蓝色、粉红色或白色，旗瓣宽倒卵形；二体雄蕊。荚果扁平，具长喙，种子6~10颗；种子长圆形，黑色。

生境：原产于印度，现世界各热带地区极常栽培或逸为野生。

繁殖方法：种子繁殖。

食用部位及方法：嫩叶可炒食；花可做花茶。

采摘时间：春季采嫩叶，夏季采花朵。

推荐等级：★★☆☆☆

（17）鸡头薯 *Eriosema chinense* Vogel

形态特征：多年生直立草本。密被棕色长柔毛或短柔毛。块根纺锤形，肉质。单叶披针形。总状花序腋生，极短；花冠淡黄色，旗瓣倒卵形；二体雄蕊。荚果菱状椭圆形，熟时黑色，种子2。

生境：生于土壤贫瘠的草坡上。

繁殖方法：种子繁殖。

食用部位及方法：块根；可供食用和提取淀粉。

采摘时间：夏季挖取块根。

推荐等级：★★★★☆

（18）天蓝苜蓿 *Medicago lupulina* L.

形态特征：一二年生或多年生草本。全株被柔毛或腺毛。茎平卧或上升。羽状三出复叶；托叶卵状披针形；顶生小叶较大。花序小头状，10~20 朵，花冠黄色，旗瓣近圆形，顶端微凹，翼瓣和龙骨瓣近等长，均短于旗瓣。荚果肾形，熟时变黑，种子 1。

生境：生于路边、田野，适应性广；福建沿海常见。

繁殖方法：种子繁殖。

食用部位及方法：嫩茎叶可作蔬菜炒食；种子干炒研碎后可作调味品。

采摘时间：春季采摘嫩茎叶。

推荐等级：★★★☆☆

（19）酸豆 *Tamarindus indica* L.

形态特征：乔木。小叶小。花黄色或杂以紫红色条纹；花瓣倒卵形；花药椭圆形；子房圆柱形。荚果圆柱状长圆形，直或弯拱，不规则缢缩；种子 3~14颗，褐色，有光泽。

生境：原产于非洲，现海岸村旁或林缘、荒地；常见。

繁殖方法：种子繁殖。

食用部位及方法：成熟豆荚。生食或者加工为饮料，果肉味酸甜，可生食或熟食，或作蜜饯或制成各种调味酱及泡菜；果汁加糖水是很好的清凉饮料；种仁榨取的油可供食用（Yu et al, 2011；王兵益 等，2014）。

采摘时间：于秋季至翌年春季果实成熟时采摘。

推荐等级：★★★★★

（20）救荒野豌豆 *Vicia sativa* L.

形态特征：一年生或二年生攀援草本。偶数羽状复叶。花 1~4 腋生；花冠紫红色或红色；子房线形，胚珠 4~8。荚果，黄色，缢缩，背腹开裂；种子 4~8，圆球形，棕色或黑褐色。

生境：生于海边沙地及林下；常见。

繁殖方法：种子繁殖。

食用部位及方法：嫩茎叶；洗净后，沸水焯过炒食（高晖 等，2006）等。

采摘时间：多于春季至夏初采摘嫩株。

推荐等级：★★★☆☆

（21）滨豇豆 *Vigna marina*（Burm.）Merr.

形态特征：多年生匍匐或攀援草本。羽状复叶具3 小叶。总状花序；花冠黄色，旗瓣倒卵形。荚果线状长圆球形，种子间稍收缩；种子2~6 颗，黄褐色或红褐色，长圆球形。

生境：生于海边沙地；广布。

繁殖方法：种子繁殖、茎节繁殖。

食用部位及方法：豆荚；煮熟后方可食用（Barrett et al, 1990）。

采摘时间：于秋、冬季果实成熟时采摘。

推荐等级：★★★☆☆

12. 蔷薇科 Rosaceae

（22）毛柱郁李 *Cerasus pogonostyla*（Maxim.）T. T. Yu & C. L. Li

形态特征：灌木或小乔木。嫩枝绿色，无毛或微被毛。叶片倒卵状椭圆形，先端短渐尖或圆钝，基部楔形至阔楔形，边缘有圆钝稀急尖重锯齿，齿端有小腺体。花叶同开，花瓣粉红色，花柱长于雄蕊，基部有稀疏柔毛。核果椭球形或近球形。

生境：生于山坡。

繁殖方法：种子繁殖。

食用部位及方法：成熟果；生食或制成果酱。

采摘时间：春、夏季果实成熟时。

推荐等级：★★★★☆

（23）翻白草 *Potentilla discolor* Bunge

形态特征：多年生草本。根粗壮。花茎直立，上升或微铺散，密被白色绵毛。基生叶有小叶 2~4 对；小叶对生或互生，茎生叶 1~2，掌状小叶 3~5。聚伞花序有花数朵至多朵，疏散。花瓣黄色，倒卵形，顶端微凹或圆钝，比萼片长；花柱近顶生，基部具乳头状膨大，柱头稍扩大。

生境：生于荒地、山坡草地、草甸及疏林；福建海边、海岛常见。

繁殖方法：种子繁殖。

食用部位及方法：嫩苗；可食。

采摘时间：春季采摘嫩苗。

推荐等级：★★★★☆

13. 胡颓子科 Elaeagnaceae

（24）角花胡颓子 *Elaeagnus gonyanthes* Benth.

形态特征：常绿攀援灌木。被银白色和散生褐色鳞片。叶厚革质。花白色，单生叶腋；萼筒四角形，基部膨大后在子房上骤收缩；雄蕊4。果实阔椭球形或倒卵状阔椭球形，成熟时黄红色，萼筒宿存。

生境：生于海岸山地林缘；少见。

繁殖方法：种子繁殖。

食用部位及方法：成熟果；可直接生食。

采摘时间：果实常于春季时成熟，可直接食用。

推荐等级：★★★★☆

（25）鸡柏紫藤 *Elaeagnus loureirii* Champ.

形态特征：常绿直立或攀援灌木。密被锈色鳞片。叶纸质或薄革质。花褐色或锈色常簇生叶腋；萼筒钟形；雄蕊 4，花柱稍短于雄蕊或等长，常弯曲。果实椭球形；果梗细长，下弯。

生境：生于湿润山地林；少见。

繁殖方法：种子繁殖。

食用部位及方法：成熟果；洗净生食。

采摘时间：于夏初时果实成熟，可直接食用。

推荐等级：★★★☆☆

（26）福建胡颓子 *Elaeagnus oldhamii* Maxim.

形态特征：常绿直立灌木，具刺；枝、叶、花、果密被褐色或锈色鳞片。叶近革质，全缘。花淡白色，数花簇生叶腋极短小枝上成短总状花序；萼筒短，杯状。果实卵球形，成熟时红色，萼筒常宿存。

生境：生于空旷地区；常见。

繁殖方法：种子繁殖。

食用部位及方法：成熟果；生食。

采摘时间：于春季果实成熟，可直接食用。

推荐等级：★★★★☆

（27）香港胡颓子 *Elaeagnus tutcheri* Dunn

形态特征：常绿直立灌木。枝、叶、花、果实被鳞片。叶近革质或纸质。花银白色，数花簇生叶腋短小枝上呈短总状花序；萼筒钟形；雄蕊的花丝极短；花柱直立。果实长椭球形或矩圆状卵球形，两端圆形。

生境：生于向阳海岸地区；常见。

繁殖方法：种子繁殖。

食用部位及方法：成熟果；生食。

采摘时间：于春季果实成熟，可直接食用。

推荐等级：★★★★☆

14. 鼠李科 Rhamnaceae

（28）多花勾儿茶 *Berchemia floribunda*（Wall.）Brongn.

形态特征：藤状或直立灌木。小枝光滑无毛。叶纸质，卵状椭圆形；托叶狭披针形，宿存。花多数，簇生或顶生圆锥花序，下部兼腋生聚伞总状花序。萼三角形；花瓣倒卵形，雄蕊与花瓣等长。核果椭球形至长圆球形。基部有盘状宿存花盘。

生境：生于山坡灌丛中；常见。

繁殖方法：种子繁殖。

食用部位及方法：嫩叶可作为茶叶；果实可食。

采摘时间：嫩叶可于春季采摘；果实常于春末和夏季成熟，可直接食用。

推荐等级：★★★★☆

（29）铁包金 *Berchemia lineata*（L.）DC.

形态特征：藤状或矮灌木。嫩枝密被短柔毛。叶小，纸质，椭圆形至长圆形。花白色，组成顶生聚伞总状花序，或兼有腋生簇生花序；花萼钟状，5深裂；花瓣匙形。核果卵形或卵状长圆形，熟时黑色或紫色，基部有宿存花盘和萼筒。

生境：生于低海拔的山野、路旁或开旷地上；常见。

繁殖方法：种子繁殖。

食用部位及方法：嫩叶；可作茶叶。

采摘时间：嫩叶可于春季采摘。

推荐等级：★★★★☆

（30）雀梅藤 *Sageretia thea*（Osbeck）M. C. Johnst.

形态特征：攀援或披散灌木。具枝刺。叶纸质，圆形、椭圆形或卵状椭圆形，边缘具细锯齿。穗状圆锥花序或穗状花序顶生或腋生，花簇生或单生；花序轴被茸毛或密短柔毛；花萼5深裂；花瓣白色，匙形，内卷；花柱极短，3浅裂。核果近球形，成熟时黑色或紫黑色，味酸甜。

生境：生于丘陵、林下或灌丛中；常见。

繁殖方法：种子繁殖。

食用部位及方法：果实；成熟后可生食。

采摘时间：春末夏初时采摘果实。

推荐等级：★★★★★

15. 桑科 Moraceae

（31）薜荔 *Ficus pumila* L.

形态特征：攀援或匍匐灌木。叶二型。雌雄异株；隐头花序单生叶腋，瘿花果梨形，雌果近球形，成熟时黄绿色或微红；雄花生榕果内壁口部，雄蕊2枚；瘿花花柱短；雌花生于雌株榕果内壁，花柱长。瘦果近球形，有黏液。

生境：攀援于林下石上或树上；常见。

繁殖方法：种子繁殖、分株繁殖。

食用部位及方法：成熟雌果；可制成凉粉食用（吴松成，2001）。

采摘时间：于夏、秋季果实成熟。

推荐等级：★★★★☆

（32）鹊肾树 *Streblus asper* Lour.

形态特征：乔木或灌木。叶革质，全缘或具不规则钝锯齿；叶柄短或近无柄。花雌雄异株或同株；雄花序头状，单生或成对腋生；雄花近无梗；雌花具梗；子房球形。核果近球形，熟时黄色。

生境：多生于海边疏林。

繁殖方法：种子繁殖。

食用部位及方法：成熟果；生食，味甜。

采摘时间：夏季即可采摘。

推荐等级：★★★☆☆

16. 葫芦科 Cucurbitaceae

（33）红瓜 *Coccinia grandis*（L.）Voigt

形态特征：攀援草本。根粗壮；茎多分枝。雌雄异株。雄花和雌花均单生，花冠白色；雄蕊 3。雌花有退化雄蕊。果实纺锤形，幼时绿色，成熟后深红色；种子黄色。

生境：海岸带林下或灌丛中；常见。

繁殖方法：种子或扦插繁殖。

食用部位及方法：嫩茎尖、叶子和小瓠果可炒食、凉拌或煮汤；果实成熟后苦涩，不宜食用（Siemonsma et al, 1994）。

采摘时间：春季或夏初可采摘。

推荐等级：★★★☆☆

1 cm

（34）山苦瓜 *Momordica charantia* L.

形态特征：一年生攀援柔弱草本。雌雄同株。雄花单生叶腋；花冠黄色；雄蕊 3。雌花单生；子房纺锤形，柱头 3。果实纺锤形或圆柱形，多瘤皱，成熟后橙黄色，3 瓣裂。

生境：海岸沙地；常见。

繁殖方法：种子繁殖。

食用部位及方法：成熟瓠果；生吃或加肉、鸡蛋等炒食。

采摘时间：于夏、秋季果实成熟。

推荐等级：★★★★★

17. 酢浆草科 Oxalidaceae

（35）酢浆草 *Oxalis corniculata* L.

形态特征：草本。直立或匍匐。叶基生或茎上互生；小叶3。花单生或数朵集为伞形花序状，腋生；萼片5；花瓣5，黄色；雄蕊10；子房5室，花柱5，柱头头状。蒴果长圆柱形，5棱。

生境：生于山坡草地、河谷沿岸、路边、田边、荒地或林下阴湿处等；常见。

繁殖方法：种子繁殖。

食用部位及方法：嫩茎叶；炒食、凉拌（陈宝铭，1992）。

采摘时间：于春、夏季采摘为宜。

推荐等级：★☆☆☆☆

（36）红花酢浆草 *Oxalis corymbosa* DC.

形态特征：多年生直立草本。有球状鳞茎。叶基生；小叶3。二歧聚伞花序排列成伞形花序式，总花梗、花梗、苞片、萼片均被毛；萼片5，花瓣5；雄蕊10，5长5短；子房5室，花柱5。

生境：生于低海拔的山地、路旁、荒地或水田中；常见。

繁殖方法：球茎繁殖。因其鳞茎极易分离，故繁殖迅速，常为田间莠草。

食用部位及方法：花、嫩茎叶；生食或炒食。

采摘时间：于春、夏季采摘为宜。

推荐等级：★★☆☆☆

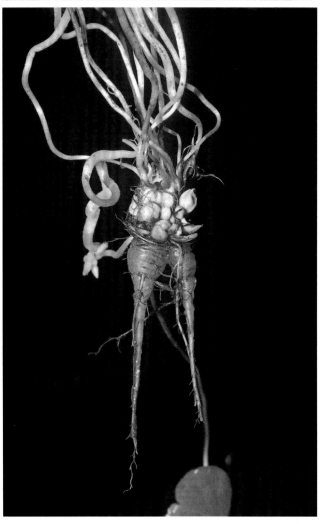

18. 红树科 Rhizophoraceae

（37）木榄 *Bruguiera gymnorhiza*（L.）Savigny

形态特征：乔木或灌木。叶椭圆状矩圆形；叶柄暗绿色，淡红色。花单生；萼暗黄红色，裂片 11~13；花瓣长条形，中部以下被长毛；花柱棱柱形，黄色，柱头 3~4 裂。胚轴长 15~25cm。

生境：生于河口入海口或盐滩上；热带地区常见。

繁殖方法：种子繁殖。

食用部位及方法：下胚轴；经处理（腌渍、糖渍等）后可食。

采摘时间：夏、秋季下胚轴尚嫩时采摘为宜。

推荐等级：★☆☆☆☆

（38）秋茄树 *Kandelia obovata* Sheue, H.Y. Liu & J. Yong

形态特征：灌木或小乔木。具支柱根。叶革质，椭圆形至倒卵形，先端具短尖头，全缘，交互对生。花为腋生具总花梗的二歧分枝聚伞花序，花萼5，深裂，裂片线形或长圆形；花瓣与花萼同数。雄蕊多数；子房下位，柱头3裂。果实近锥形，种子于母树果实萌发。胚轴圆柱形或棒形。

生境：生于红树林海滩边、淤泥或潮滩沙地。

繁殖方法：种子繁殖。

食用部位及方法：下胚轴；经处理（腌渍、糖渍等）后可食。

采摘时间：夏季下胚轴尚嫩时采摘为宜。

推荐等级：★☆☆☆☆

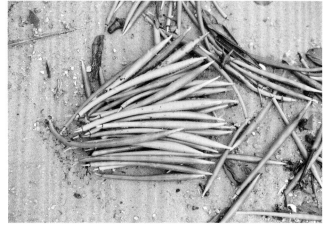

（39）红树 *Rhizophora apiculata* Blume

形态特征：乔木或灌木。叶椭圆形；叶柄粗壮，淡红色。总花梗着生已落叶的叶腋，花2朵；无梗，小苞片杯状；花萼裂片长三角形；花瓣膜质；雄蕊约12；子房上部钝圆锥形，花柱极不明显，柱头浅2裂。果实倒梨形，略粗糙。

生境：生于海浪平静、淤泥松软的浅海盐滩或海湾内的沼泽地。

繁殖方法：种子繁殖。

食用部位及方法：下胚轴；去涩味后直接食用。

采摘时间：夏季下胚轴尚嫩时采摘为宜。

推荐等级：★☆☆☆☆

19. 西番莲科 Passifloraceae

（40）龙珠果 *Passiflora foetida* L.

形态特征：草质藤本，有臭味。茎、叶柄被平展柔毛。叶先端 3 浅裂。聚伞花序退化仅具 1 花。花白色或淡紫色，具白斑；苞片羽状分裂；花瓣 5；雄蕊 5 枚；柱头头状，花柱 3~4。浆果卵圆球形。

生境：常见逸生于低海拔的草坡路边，为泛亚热带杂草。

繁殖方法：种子繁殖。

食用部位及方法：成熟果实；味道较甜，生食或泡水喝（姬生国 等，2012）。

采摘时间：夏季。

推荐等级：★★★★☆

20. 杨柳科 Salicaceae

（41）刺篱木 *Flacourtia indica*（Burm. f.）Merr.

形态特征：落叶灌木或小乔木。树干和大枝条有长刺，老枝通常无刺，幼枝有腋生单刺。叶近革质，倒卵圆形至长圆状倒卵形，边缘中部以上有细锯齿。花小，总状花序短，顶生或腋生；花瓣缺。浆果球形或椭球形。

生境：生于近海沙地灌丛中。

繁殖方法：种子繁殖。

食用部位及方法：成熟果；生食，味甜，或制成蜜饯及酿造。

采摘时间：夏、秋季即可采摘。

推荐等级：★★★★☆

21. 大戟科 Euphorbiaceae

（42）铁苋菜 *Acalypha australis* L.

形态特征：一年生草本。叶膜质。雌雄花同序，花序腋生，稀顶生，雌花苞片 1~4 枚；雄花生于花序上部，穗状或头状，簇生。蒴果具 3 个分果爿；种子近卵状，种皮平滑，假种阜细长。

生境：生于山坡较湿润和空旷草地上；常见。

繁殖方法：种子繁殖。

食用部位及方法：嫩茎叶；沸水焯过后，炒食、凉拌、煮汤（向珣 等，1998）。

采摘时间：春季。

推荐等级：★★☆☆☆

22. 叶下珠科 Phyllanthaceae

（43）余甘子 *Phyllanthus emblica* L.

形态特征：小乔木。小叶互生，线状长圆形。腋生聚伞花序。萼片6，膜质；雄蕊3，花丝合生成柱。雌花萼片具浅齿；花盘杯状，半包子房，边缘撕裂；花柱3，基部合生。蒴果核果状，球形。

生境：生于山地疏林、灌丛、荒地或山沟向阳处；常见。

繁殖方法：种子繁殖、嫁接（袁卫贤 等，2003）。

食用部位及方法：果实；可生食或盐渍后食用。

采摘时间：秋季。

推荐等级：★★★★☆

（44）守宫木 *Sauropus androgynus*（L.）Merr.

形态特征：灌木。全株均无毛。叶卵状披针形；托叶 2。雄花 1~2 朵腋生；花盘 6 浅裂；雄蕊 3；花盘腺体 6，与萼片对生；雌花常单生叶腋；花萼 6 深裂，裂片红色；子房 3 室。蒴果扁球状或圆球状。

生境：山坡或林缘；常为栽培，也有逸生。

繁殖方法：种子繁殖、组织培养（舒伟，2006）。

食用部位及方法：嫩梢、嫩茎叶；可炒食（李毓敬 等，1998；林宏凤 等，2009）。

采摘时间：春、夏季采摘为宜。

推荐等级：★★★★★

23. 千屈菜科 Lythraceae

（45）海桑 *Sonneratia caseolaris*（L.）Engl.

形态特征：乔木。叶形状变异大。花具短粗梗；萼筒浅杯状，内面绿色或黄白色，花瓣暗红色；花丝粉红色或上部白色，下部红色；柱头头状。浆果球形，萼筒宿存，碟形。

生境：生于海边泥滩；常见于热带海岸。

繁殖方法：种子繁殖。

食用部位及方法：嫩果稍酸，可用调味品；熟果有奶酪味，可生吃或炒食（Siemonsma et al, 1994）。

采摘时间：春、夏季果实未完全成熟时采摘为宜。

推荐等级：★★☆☆☆

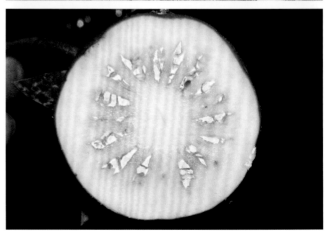

24. 桃金娘科 Myrtaceae

（46）桃金娘 *Rhodomyrtus tomentosa*（Aiton）
Hassk.

形态特征：灌木。叶对生。花单生，紫红色；萼管倒卵形，有灰茸毛，萼裂片5，宿存；花瓣5；雄蕊红色；子房下位，3室。浆果卵状壶形，熟时紫黑色。

生境：生于丘陵坡地；极常见。

繁殖方法：种子繁殖。

食用部位及方法：成熟果；生食。

采摘时间：夏、秋季果实成熟后采摘。

推荐等级：★★★★☆

（47）蒲桃 *Syzygium jambos*（L.）Alston

形态特征：乔木；小枝圆形。叶对生，革质；聚伞花序顶生，有花数朵，花白色；萼齿4；花瓣分离；花柱与雄蕊等长。果实球形，果皮肉质，成熟时黄色，有油腺点。

生境：喜生河边及河谷湿地；华南常见野生，也有栽培供食用。

繁殖方法：种子繁殖。

食用部位及方法：果实；可生食。

采摘时间：夏季果实成熟后采摘。

推荐等级：★★★★★

采摘时间：夏季即可采摘。

推荐等级：★★★★☆

（48）黑嘴蒲桃 *Syzygium bullockii*（Hance）Merr. & L. M. Perry

　　形态特征：灌木至小乔木。嫩枝稍压扁。叶片革质，椭圆形至卵状长圆形；叶柄极短。圆锥花序顶生，多花，花小；萼齿波状；花瓣连成帽状体。果实椭圆形。

　　生境：生于海边灌丛中。

　　繁殖方法：种子繁殖。

　　食用部位及方法：成熟果；生食。

25. 野牡丹科 Melastomataceae

（49）地稔 *Melastoma dodecandrum* Lour.

形态特征：小灌木。茎匍匐，节上生根。叶片坚纸质；叶柄、花梗、花萼管、果实被糙伏毛。聚伞花序顶生；花瓣淡紫红色至紫红色；子房下位。果坛状或球状，平截，肉质。

生境：生于山坡矮草丛中，为酸性土壤常见的植物。

繁殖方法：种子繁殖、分株繁殖。

食用部位及方法：成熟果；味甘甜，可生食或酿酒。

采摘时间：夏、秋季果实成熟后采摘。

推荐等级：★★★★☆

（50）野牡丹 *Melastoma malabathricum* L.

形态特征：灌木。茎、叶柄、苞片、花梗、花萼、子房、蒴果密被鳞片状糙伏毛。叶片坚纸质；伞房花序顶生；花瓣玫瑰红色或粉红色；雄蕊有长有短，长者药隔基部伸长；子房半下位。蒴果坛状球形，与宿存萼贴生。

生境：生于低海拔山坡松林下或开朗的灌草丛中；常见。

繁殖方法：种子繁殖。

食用部位及方法：成熟果；生食。

采摘时间：秋、冬季果实成熟后采摘。

推荐等级：★★★☆☆

26. 无患子科 Sapindaceae

（51）赤才 *Lepisanthes rubiginosa*（Roxb.）Leenh.

形态特征：常绿灌木或小乔木。嫩枝、花序和叶轴均密被锈色茸毛。小叶 2~8 对，卵状椭圆形至长椭圆形。复总状花序；苞片钻形；花芳香；萼片近圆形；花瓣倒卵形；花丝被长柔毛。果熟时黑红色。

生境：生于海岸疏林；常见。

繁殖方法：种子繁殖。

食用部位及方法：成熟果；生食。

采摘时间：夏季采摘。

推荐等级：★★★☆☆

27. 芸香科 Rutaceae

（52）酒饼簕 *Atalantia buxifolia*（Poir.）Oliv.

形态特征：灌木。分枝多，刺多。叶硬革质，椭圆形或近圆形，顶端圆或钝，微或明显凹入。花常多朵簇生；花瓣白色。果圆球形，熟时蓝黑色。

生境：耐盐植物，生于滨海地区的灌丛中。

繁殖方法：种子繁殖。

食用部位及方法：成熟果；生食，味甜。

采摘时间：夏、秋季即可采摘成熟果。

推荐等级：★★★☆☆

（53）飞龙掌血 *Toddalia asiatica*（L.）Lam.

形态特征：灌木或木质藤本。茎枝及叶轴有锐刺。3 小叶复叶。花单性，雄花为伞房状圆锥花序，雌花为聚伞圆锥花序。果橙红或朱红色。

生境：在次生林中常攀援生长；较常见。

繁殖方法：种子繁殖。

食用部位及方法：成熟果；可生食，酸甜可口。

采摘时间：秋、冬季果实成熟后采摘。

推荐等级：★★☆☆☆

（54）野花椒 *Zanthoxylum simulans* Hance

形态特征：灌木或小乔木。枝干散生基部宽而扁的锐刺，嫩枝及小叶背面沿中脉或仅中脉基部两侧被短柔毛，或各部均无毛。叶有小叶 5~15 枚；叶轴有窄翅；小叶对生，两侧略不对称，油点多。花序顶生，淡黄绿色；花单性。果红褐色。

生境：生于山地疏林、向阳地或干旱地；福建沿海、海岛常见。

繁殖方法：种子繁殖。

食用部位及方法：果实；可作花椒替代品。

采摘时间：夏季果期成熟后采摘。

推荐等级：★★★★☆

28. 文定果科 Mutingiaceae

（55）文定果 *Mutingia colabura* L.

形态特征：小乔木。小枝及叶被短腺毛，叶片纸质，长卵形或长椭圆状卵形，基部偏斜，具不规则锐锯齿。花单生或 2 朵生于叶腋，萼片 5，花瓣 5，白色。雄蕊多数，子房无毛，柱头 5~6 浅裂，宿存。浆果球形或近球形，熟时紫红色。

生境：生于阳光充足、环境较差之处，环境适应性强，其种子在正常条件下萌发率低于建筑垃圾堆、采石场和边坡环境。原产于南美洲热带地区、西印度群岛，我国广东、海南有引种（孙延军 等，2011）。

繁殖方法：种子繁殖。

食用部位及方法：成熟果；生食。

采摘时间：文定果全年开花结果，果实成熟时即可采摘。

推荐等级：★★★★★

29. 锦葵科 Malvaceae

（56）黄葵 *Abelmoschus moschatus* Medik.

形态特征：一年生或二年生草本。全株被粗毛。叶掌状 5~7 深裂。花单生叶腋；小苞片线形；花萼佛焰苞状，5 裂；花黄色，内面基部暗紫色；花柱 5，柱头盘状。蒴果长圆形，顶端尖；种子肾形，有香味。

生境：生于平原、山谷、溪涧旁或山坡灌丛中；常见。

繁殖方法：种子繁殖。

食用部位及方法：嫩叶、果荚；可煮汤或炒食。

采摘时间：秋季果实成熟后采摘。

推荐等级：★★★☆☆

（57）磨盘草 *Abutilon indicum*（L.）Sweet

形态特征：多年生亚灌木状草本。叶两面、叶柄、花、果实、种子被灰色柔毛。花单生叶腋；花萼盘状，5 裂；花黄色；雄蕊柱被毛，心皮 15~20。蒴果倒球形，状如磨盘，分果爿先端具短芒；种子肾形。

生境：生于海边路旁、沙地和田野间；常见。

繁殖方法：种子繁殖。

食用部位及方法：为东南亚和南亚地区传统的药食两用植物。嫩叶可炒食，未成熟的幼果可煮熟后食用，也可在煲肉汤时添加或同米煮食，有开胃健脾的功效（顾关云 等，2009）。

采摘时间：嫩叶于春季采摘，幼果于夏初始有。

推荐等级：★★☆☆☆

（58）甜麻 *Corchorus aestuans* L.

形态特征：一年生草本。叶卵形或阔卵形。花单独或数朵组成聚伞花序生于叶腋或腋外；萼片5，顶端具角；花瓣5，黄色；雄蕊多数；子房长圆柱形，5齿裂。蒴果长筒形，具6纵棱；种子多数。

生境：生长于荒地、旷野；常见。

繁殖方法：种子繁殖。

食用部位及方法：嫩叶；炒食、凉拌、炖食、煮汤（陈前 等，2005）。

采摘时间：初春时采摘为宜。

推荐等级：★★★★☆

（59）木槿 *Hibiscus syriacus* L.

形态特征：落叶灌木。小枝、叶柄、花梗、小苞片、花萼、蒴果密被黄色星状茸毛。叶菱形至三角状卵形。花单生于枝端叶腋间；花萼钟形；花钟形，淡紫色。蒴果卵球形；种子肾形。

生境：多栽培于路旁或田野，有时逸生；少见。

繁殖方法：扦插、播种、压条繁殖（黄志娟，2009）。

食用部位及方法：新鲜花蕾；炒食、油炸、煮汤、煮粥等（李秀芬 等，2014）。

采摘时间：春、夏季花期初时采摘为宜。

推荐等级：★★★★☆

（60）黄槿 *Hibiscus tiliaceus* L.

　　形态特征：常绿灌木或乔木。小枝、嫩叶、托叶被稀疏星状毛。叶革质，广卵形，基部心形，托叶叶状。花序顶生或腋生，排成聚散花序；花梗、小苞片、花萼、花冠外被茸毛。小苞片 7~10，披针形；萼片 5，披针形；花冠钟形，花瓣黄色，内基部暗紫色；花柱枝 5。蒴果卵圆形，果爿 5，种子肾形，光滑。

生境：海岸沙地；常见。

繁殖方法：种子繁殖。

食用部位及方法：嫩叶；煮汤、炒食。

采摘时间：春、夏季叶片刚抽出时采摘为宜。

推荐等级：★★☆☆☆

（61）地桃花 *Urena lobata* L.

形态特征：直立亚灌木状草本。小枝、叶、花、果被星状茸毛。花腋生，单生或稍丛生，淡红色；小苞片 5；花萼杯状，裂片 5；花瓣 5。果扁球形。

生境：生于干热的空旷地、草坡或疏林下。

繁殖方法：种子繁殖。

食用部位及方法：嫩叶；沸水焯过后炒食、煮汤、凉拌等（Morelli et al, 2006）。

采摘时间：春、夏季叶片刚抽出时采摘为宜。

推荐等级：★☆☆☆☆

30. 辣木科 Moringaceae

（62）辣木 *Moringa oleifera* Lam.

形态特征：乔木。枝有明显的皮孔及叶痕；根有辛辣味。叶为三回羽状复叶，羽片基部有线形或棍棒状稍弯的腺体；羽片 4~6 对，小叶 3~9 枚。花序广展；苞片线形；花白色，芳香。蒴果细长，下垂。

生境：广植于热带地区或逸生于杂林中。

繁殖方法：种子繁殖。

食用部位及方法：根、种子干燥后碾碎作为调味品；嫩叶和嫩果可作为蔬菜食用（盘李军 等，2010）。

采摘时间：春季采摘嫩叶，夏季采摘嫩果。

推荐等级：★★★★★

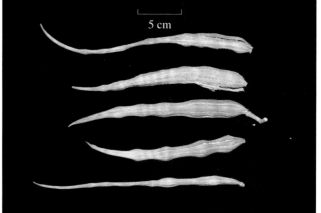

31. 山柑科 Capparaceae

（63）鱼木 *Crateva formosensis*（Jacobs）B. S. Sun

形态特征：灌木或乔木。掌状复叶，小叶 3。花序顶生，有花 10~15 朵。果球形至椭圆形，红色。

生境：海岸灌丛；少见。

食用部位及方法：嫩叶沸水焯过后，盐渍食用。

采摘时间：春季采摘嫩叶。

推荐等级：★★★☆☆

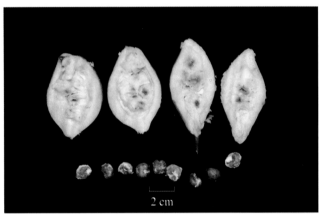

2 cm

（64）树头菜 *Crateva unilocularis* Buch.-Ham.

形态特征：乔木。树枝灰褐色，常中空，有散生灰色皮孔。小叶薄革质，侧生小叶基部不对称。总状或伞房状花序着生在下部的小枝顶部。花瓣白色或黄色。果球形，表面粗糙，有灰黄色小斑点。

生境：生于沿海疏林中。

繁殖方法：种子繁殖。

食用部位及方法：嫩叶；盐渍后食用。

采摘时间：春季采摘嫩叶。

推荐等级：★★☆☆☆

32. 十字花科 Brassicaceae

（65）荠菜 *Capsella bursa-pastoris*（L.）Medik.

形态特征：一年生或二年生草本。基生叶莲座状。总状花序顶生及腋生，花瓣白色，卵形，有短爪。短角果倒三角形或倒心状三角形，扁平，顶端微凹。

生境：海岸或林下沙地；常见。

繁殖方法：种子繁殖。

食用部位及方法：未抽薹开花的嫩茎叶。炒食、煮汤、煮粥等。

采摘时间：每年春季可采摘鲜嫩的植株食用。

推荐等级：★★★★★

（66）蔊菜 *Rorippa indica*（L.）Hiern

形态特征：一年生至二年生直立草本。叶互生。总状花序顶生或侧生，花小，多数；萼片4；花瓣4，黄色，匙形，基部渐狭成短爪；雄蕊6，2枚稍短。长角果线状圆柱形，成熟时果瓣隆起。

生境：生于路边、田边、园圃、河边、屋边墙角及山坡路旁等较潮湿处。

繁殖方法：种子繁殖。

食用部位及方法：嫩茎叶；可炒食（徐芬芬 等，2011）。

采摘时间：春、夏季可采摘鲜嫩的植株。

推荐等级：★★★★☆

33. 蓼科 Polygonaceae

（67）火炭母 *Polygonum chinense* L.

形态特征：多年生草本。茎直立。叶卵形或长卵形。花序头状；每苞片内具 1~3 花；花被 5 深裂，白色或淡红色，果时增大，肉质，蓝黑色；雄蕊 8。瘦果宽卵形，包于宿存的花被。

生境：生于山谷湿地、山坡草地。

繁殖方法：种子繁殖。

食用部位及方法：嫩茎叶；在炸熟后调味食用（赵培杰 等，2006）。

采摘时间：可四季采摘，以春、夏季为宜。

推荐等级：★★☆☆☆

（68）习见蓼 *Polygonum plebeium* R. Br.

形态特征：一年生草本。叶线形、狭长圆形或稍匙形。叶柄极短；托叶鞘状，边缘撕裂状。花簇生叶腋；花萼紫色或绿色，全缘；雄蕊5。瘦果三角形。

生境：生于旷野、田边、路旁。

繁殖方法：种子繁殖。

食用部位及方法：嫩苗或嫩茎叶；经沸水焯过后炒食或凉拌。

采摘时间：春季采摘嫩茎叶。

推荐等级：★★★☆☆

（69）羊蹄 *Rumex japonicus* Houtt.

形态特征：多年生草本。茎直立，上部分枝，具沟槽。基生叶长圆形或披针形长圆形；茎上部叶狭长圆形；叶柄鞘膜质。花序圆锥状，两性，花被片6，淡绿色。瘦果宽卵形，具3锐棱。

生境：生于路旁、河滩、海滩。

繁殖方法：种子繁殖。

食用部位及方法：嫩叶炒食；种子去皮可作为米饭煮食。

采摘时间：春季采摘嫩叶，夏季采收种子。

推荐等级：★★★★☆

34. 苋科 Amaranthaceae

（70）虾钳菜 *Alternanthera sessilis*（L.）R. Br. ex DC.

形态特征：多年生草本。头状花序腋生，后渐成圆柱形；花白色；雄蕊 3，基部连合成杯状；花柱极短，柱头短裂。胞果倒心形，包在花被片内。

生境：生于村庄附近的草坡、水沟、田边或沼泽、海边潮湿沙土处。

繁殖方法：种子繁殖、营养繁殖（林金成 等，2004）。

食用部位及方法：嫩茎叶（邱贺媛 等，2008）；沸水焯过后炒食、煮汤、凉拌等。

采摘时间：可四季采摘，以春、夏季为宜。

推荐等级：★★★☆☆

（71）凹头苋 *Amaranthus blitum* L.

形态特征：一年生草本。花组成腋生花簇，生于茎端和枝端则呈直立穗状花序或圆锥花序；花被片矩圆形或披针形，淡绿色；柱头 3 或 2，果熟时脱落。胞果扁卵形，平滑。

生境：生在田野、村落附近的杂草地上；少见。

繁殖方法：种子繁殖。

食用部位及方法：嫩茎叶；沸水烫过后，炒食、煮汤（陈艺轩 等，2011）。

采摘时间：可四季采摘，以春、夏季为宜。

推荐等级：★★★★★

（72）千穗谷 *Amaranthus hypochondriacus* L.

形态特征：一年生草本。茎无毛或微有柔毛。多数穗状花序组成直立圆锥花序；花被片5，矩圆形，顶端急尖或渐尖，中脉深色，凸尖。胞果近菱状卵形，环状横裂。种子近球形。

生境：原产北美，现多栽培，有逸生；少见。

繁殖方法：种子繁殖。

食用部位及方法：嫩茎叶；沸水烫过后，炒食、煮汤等。

采摘时间：可四季采摘，以春、夏季为宜。

推荐等级：★★★★★

（73）刺苋 *Amaranthus spinosus* L.

形态特征：一年生草本。叶柄无毛，叶腋有 2 刺。顶生或腋生穗状花序，再组成圆锥花序；花序基部苞片变态为尖锐直刺；柱头 3 或 2。胞果矩圆形，包裹在宿存花被片内。

生境：为生在园圃、村旁、空旷荒地、路旁的杂草；常见。

繁殖方法：种子繁殖。

食用部位及方法：嫩茎叶；炒食、煮汤等。

采摘时间：可四季采摘，以春、夏季为宜。

推荐等级：★★★★☆

（74）苋 *Amaranthus tricolor* L.

形态特征：一年生草本。花簇腋生，或具顶生花簇，呈下垂的穗状花序，雄花和雌花混生。胞果卵状矩圆形，盖裂，包裹在宿存花被片内。

生境：多栽培，有时逸为半野生；常见。

繁殖方法：种子繁殖。

食用部位及方法：嫩茎叶；炒食、煮汤。

采摘时间：可四季采摘，以春、夏季为宜。

推荐等级：★★★★★

（75）皱果苋 *Amaranthus viridis* L.

形态特征：一年生草本。圆锥花序顶生，有分枝，由穗状花序形成，圆柱形，细长，直立；柱头3或2。绿色胞果扁球形，皱缩。

生境：生杂草地上或田野间；极常见。

繁殖方法：种子繁殖。

食用部位及方法：嫩茎叶；沸水烫过后，炒食、凉拌、煮汤（缪金伟，2014）。

采摘时间：四季可采摘，以春、夏季为宜。

推荐等级：★★★★★

（76）青葙 *Celosia argentea* L.

形态特征：一年生草本。塔状或圆柱状穗状花序顶生；花被片初为白色顶端带红色，或全部粉红色，后成白色，花药紫色；花柱紫色。胞果卵形，包裹在宿存花被片内。

生境：野生或栽培，生于田边、丘陵、山坡、荒地；极常见。

繁殖方法：种子繁殖（Gbadamosi et al, 2014）。

食用部位及方法：嫩茎叶，被称为"酸菜"；炒食、煮汤或拌面蒸食（Swapna et al, 2011；许良政 等，2011）。

采摘时间：四季可采摘，以春季为宜。

推荐等级：★★★★☆

（77）藜 *Chenopodium album* L.

形态特征：一年生草本。单叶互生，嫩叶的上面时有紫红色粉，下面多少有粉。花两性，花簇组成穗状圆锥状或圆锥状花序；花被裂片5；雄蕊5，柱头2。胞果，果皮与种子贴生。种子双凸镜状，黑色。

生境：山坡、路旁、溪边、田野、荒地；常见。

繁殖方法：种子繁殖。

食用部位及方法：嫩茎叶；沸水烫过，清水浸过后，炒食、煮汤（邱贺媛，1999；孙存华 等，2005）、做馅等。

采摘时间：春、夏季采摘为宜。

推荐等级：★★★★☆

（78）小藜 *Chenopodium ficifolium* Sm.

形态特征：一年生草本。单叶互生，三浅裂；叶面、背疏生粉粒。花两性，顶生或腋生圆锥状花序；花被5深裂；雄蕊5；柱头2。胞果包在花被内，果皮具蜂窝状网纹。种子双凸镜状。

生境：路边、荒地；常见。

繁殖方法：种子繁殖。

食用部位及方法：嫩茎叶；沸水烫过，清水浸过后，炒食、煮汤（邱贺媛，1999）、做馅等。

采摘时间：春、夏季采摘为宜。

推荐等级：★★★★☆

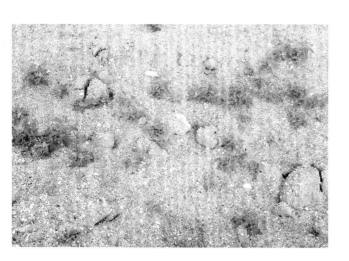

（79）北美海蓬子 *Salicornia bigelovii* Torr.

形态特征：一年生草本。茎直立，多分枝；茎肉质，苍绿色。叶退化为鳞片状。穗状花序腋生；花被肉质；雄蕊长于花被；柱头 2。胞果卵形，种子矩圆状卵形。

生境：生于盐碱地、盐湖旁、海滩。原产于北美洲，广东南澳县曾引种（陈美珍 等，2010），现逸生。

繁殖方法：种子繁殖。

食用部位及方法：嫩茎，做馅、沙拉或腌菜；种子榨油。

采摘时间：春、夏季采摘为宜。

推荐等级：★★★★☆

35. 番杏科 Aizoaceae

（80）海马齿 *Sesuvium portulacastrum*（L.）L.

形态特征：多年生肉质草本。茎平卧或匍匐。叶片厚肉质。花单生叶腋，外面绿色，里面红色；雄蕊15~40，着生于花被筒顶部；子房卵圆形，无毛，花柱3，稀4或5。蒴果卵形。

生境：生于海岸沙地或泥地上；常见。

繁殖方法：种子繁殖、扦插繁殖（Lokhande et al, 2010）。

食用部位及方法：嫩叶；沸水焯2~3遍过后炒食、煮汤、腌渍等（Lokhande et al, 2009，范伟 等, 2010）。

采摘时间：四季可采摘鲜嫩茎叶。

推荐等级：★★★☆☆

（81）番杏 *Tetragonia tetragonioides*（Pall.）Kuntze

形态特征：一年生肉质草本。表皮呈颗粒状凸起。花单生或 2~3 朵簇生叶腋；花被筒内面黄绿色；雄蕊 4~13。坚果陀螺形，具钝棱，有 4~5 角，附有宿存花被，种子数颗。

生境：生于海岸沙地；常见。

繁殖方法：种子繁殖（赖兴凯 等，2016）、扦插繁殖（丁翠美 等，2012）。

食用部位及方法：嫩叶；炒食、煮汤、凉拌等（杨兆祥 等，2011）。

采摘时间：四季可采摘鲜嫩茎叶。

推荐等级：★★★★★

36. 紫茉莉科 Nyctaginaceae

（82）黄细心 *Boerhavia diffusa* L.

形态特征：多年生蔓性草本。根肥厚，肉质。茎无毛或被疏短柔毛。叶片卵形，边缘微波状。头状聚伞圆锥花序顶生；花序梗纤细，被疏柔毛；花梗短或近无梗；花被淡红色或亮紫色，花被筒上部钟形，具5肋，顶端皱褶，5浅裂。果实棍棒状，具5棱，有黏腺和疏柔毛。

生境：生于沿海旷地或干热河谷。

繁殖方法：种子繁殖。

食用部位及方法：肉质根；烤熟后可食，有甜味。

采摘时间：植株生长2~3年后可挖取肉质根。

推荐等级：★★★☆☆

（83）抗风桐 *Pisonia grandis* R. Br.

形态特征：常绿无刺乔木。叶对生，叶片稍肉质，全缘。聚伞花序顶生或腋生；花被筒漏斗状，5齿裂，有5列黑色腺体；花两性；雄蕊6~10；柱头画笔状。果棒状，5棱。

生境：热带海岸林；常见。

繁殖方法：种子繁殖、扦插繁殖。

食用部位及方法：嫩叶；含钙高，可炒食。

采摘时间：春季长出鲜嫩叶片为宜。

推荐等级：★★☆☆☆

37. 落葵科 Basellaceae

（84）落葵薯 *Anredera cordifolia*（Ten.）Steenis

形态特征：缠绕藤本。根状茎粗壮。叶片卵形，腋生小块茎（珠芽）。总状花序下垂；花被片、雄蕊、花柱白色，裂成 3 个柱头臂。

生境：原产南美热带地区，现常栽培，也有逸生；常见。

繁殖方法：珠芽繁殖。

食用部位及方法：嫩叶、珠芽、块茎；炒食或炖肉（黄亮华 等，2006；林春华 等，2006）等。

采摘时间：四季均可采摘。

推荐等级：★★★★★

（85）落葵 *Basella alba* L.

形态特征：一年生缠绕草本。叶全缘。穗状花序腋生；花被片淡红色或淡紫色；雄蕊着生花被筒口，白色，花药淡黄色；柱头椭圆形。果实球形，红色至深红色或黑色，多汁液，外包宿存小苞片及花被。

生境：原为栽培，现多逸生；常见。

繁殖方法：种子繁殖。

食用部位及方法：嫩叶；可炒食。

采摘时间：四季均可采摘。

推荐等级：★★★★★

38. 土人参科 Talinaceae

（86）棱轴土人参 *Talinum fruticosum*（L.）Juss.

形态特征：茎直立。叶片倒卵形至倒披针形。总
状花序或聚伞花序；花萼宿存；花瓣紫色、粉红色或
白色，有时呈黄色；雄蕊 20~35；柱头 1，3 裂。蒴
果近球形。

生境：原产美洲热带地区，多为栽培，生于沙质
土壤上。

繁殖方法：种子繁殖。

食用部位及方法：嫩叶；可炒食或煮汤等，由于
叶片较软且有黏液，故不宜长时间烹煮。

采摘时间：四季均可采摘。

推荐等级：★★★★☆

（87）土人参 *Talinum paniculatum*（Jacq.）Gaertn.

形态特征：一年生或多年生直立草本。叶互生或近对生，稍肉质。圆锥花序顶生或腋生；花小；总苞片绿色或近红色；苞片膜质；萼片紫红色；花瓣粉红色或淡紫红色；雄蕊 15~20；子房卵球形。蒴果近球形。

生境：生于湿润地，原产美洲热带地区；常见。

繁殖方法：种子繁殖。

食用部位及方法：嫩茎叶；炒食（李刚凤 等，2016）。

采摘时间：四季均可采摘，但以春、夏季为宜。

推荐等级：★★★★★

39. 马齿苋科 Portulacaceae

（88）马齿苋 *Portulaca oleracea* L.

形态特征：一年生草本。茎平卧。叶互生或近对生，扁平肥厚，倒卵形。花 3~5 朵簇生枝端；绿色盔形萼片 2，对生；花瓣 5，稀 4，黄色；雄蕊常 8，或更多，花药黄色。蒴果卵球形，盖裂；种子细小，多数。

生境：性喜肥沃土壤，耐旱亦耐涝，生命力强；海岸和石滩上可见。

繁殖方法：种子繁殖、扦插繁殖。

食用部位及方法：嫩茎叶；凉拌、炒食、煮汤、做干菜等均可（林宏凤 等，2009；陈国元 等，2012）。

采摘时间：四季均可采摘，但以开花前为宜。

推荐等级：★★★★★

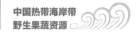
40. 仙人掌科 Cactaceae

（89）仙人掌 *Opuntia dillenii*（Ker Gawl.）Haw.

形态特征：丛生肉质灌木。茎节扁平，刺密集。花辐状，黄色，瓣状花被片倒卵形；花丝淡黄色；花药黄色；花柱淡黄色；柱头 5。浆果倒卵球形或梨形，紫红色。种子多数，扁圆形，淡黄褐色。

生境：海滩沙地，极耐干旱和贫瘠；常见。

繁殖方法：扦插繁殖或种子繁殖。

食用部位及方法：成熟果可去刺后生食，酸甜可口；嫩茎去刺后切片与肉炒食。

采摘时间：四季均可采摘，但以开花前为宜。

推荐等级：★★★★★

41. 山茱萸科 Cornaceae

（90）土坛树 *Alangium salviifolium*（L. f.）Wangerin

　　形态特征：落叶乔木或灌木。小枝近圆柱形，有显著的圆形皮孔，有时具刺。叶厚纸质或近革质，倒卵状椭圆形或倒卵状矩圆形，全缘。聚伞花序生于叶腋，花叶同放；花白色至黄色，有浓香味。核果卵圆形或椭圆形，熟时由红色转至黑色。

　　生境：生于沿海疏林中。

　　繁殖方法：种子繁殖。

　　食用部位及方法：成熟果；去皮用盐水泡过后食用。

　　采摘时间：夏季采摘成熟果。

　　推荐等级：★★☆☆☆

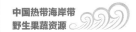

42. 茜草科 Rubiaceae

（91）猪肚木 *Canthium horridum* Blume

形态特征：灌木。具刺；小枝纤细；刺对生。叶纸质，卵形、椭圆形或长卵形。花小，具短梗或无花梗，单生或数朵簇生于叶腋内；萼管倒锥形；花冠白色。核果卵形，熟时橙黄色。

生境：生于海岸灌丛中。

繁殖方法：种子繁殖。

食用部位及方法：成熟果；生食。

采摘时间：夏、秋季采摘成熟果。

推荐等级：★★☆☆☆

（92）海滨木巴戟 *Morinda citrifolia* L.

形态特征：灌木至小乔木。叶交互对生。头状花序每隔一节一个，与叶对生，具花序梗；花多数；萼管彼此间多少粘合；花冠白色，漏斗形，5裂；雄蕊5。聚花核果浆果状，熟时白色。

生境：生于热带海岸或林缘；常见。

繁殖方法：种子繁殖、扦插繁殖。

食用部位及方法：成熟果实；生食或直接榨汁味道不佳，但可加糖或与其他水果混合制成果汁饮品、保健品等（张伟敏 等，2008）。

采摘时间：果实成熟变白后即可采摘。

推荐等级：★★★★☆

（93）鸡矢藤 *Paederia foetida* L.

形态特征：藤本。叶对生，形状变化大。圆锥花序式的聚伞花序腋生和顶生，有时呈蝎尾状排列；萼管陀螺形，裂片5；花冠浅紫色，被柔毛，5裂，花丝长短不齐。小坚果球形，成熟时近黄色，顶部萼檐裂片和花盘宿存。

生境：生于山坡、路旁、林缘或灌丛中，常缠绕或覆生于其他植物上生长；常见。

繁殖方法：种子繁殖或扦插繁殖。

食用部位及方法：嫩叶；可食，但有鸡屎的味道。食前应先用热水焯过，然后再炒食或煮汤等。在海南，人们常将新鲜的鸡屎藤叶与浸泡过的大米一起捣成粉状，然后做成"粑仔"。

采摘时间：四季可采摘。

推荐等级：★★★★☆

43. 紫草科 Boraginaceae

（94）大尾摇 *Heliotropium indicum* L.

形态特征：一年生草本。叶互生或近对生。镰状聚伞花序，花冠浅蓝色或蓝紫色，高脚碟状，5 裂；雄蕊 5，子房 4 室。核果无毛或近无毛，具肋棱，深 2 裂，每裂瓣又分裂为 2 个具单种子的分核。

生境：生于海边空旷荒地或沙地上；常见。

繁殖方法：种子繁殖。

食用部位及方法：嫩茎叶；经沸水烫过，清水浸泡去酸后，可炒食、凉拌、煮汤等。

采摘时间：四季可采摘，但以春、夏季为佳。

推荐等级：★★★☆☆

（95）银毛树 *Tournefortia argentea* L. f.

形态特征：小乔木或灌木。叶倒披针形或倒卵形。镰状聚伞花序顶生，呈伞房状排列；花萼肉质，无柄，5 深裂；花冠白色；花药卵状长圆形；子房近球形，柱头 2 裂。核果近球形，无毛。

生境：生于热带海边沙地；常见。

食用部位及方法：嫩叶；洗净后生吃或炒食。

采摘时间：四季可采摘。

推荐等级：★★★☆☆

（96）附地菜 *Trigonotis peduncularis*（Trevir.）Benth. ex Baker & S. Moore

形态特征：一年生或二年生草本。叶匙形。镰状聚伞花序顶生；花冠淡蓝色或粉色；雄蕊5，花药卵形，先端具短尖。小坚果4。

生境：生于平原、丘陵草地、林缘、田间及荒地；常见。

繁殖方法：种子繁殖。

食用部位及方法：嫩茎叶；可凉拌、炒食等（尹泳彪 等，2001）。

采摘时间：四季可采摘，但以春、夏季为佳。

推荐等级：★★★☆☆

44. 旋花科 Convolvulaceae

（97）空心菜 *Ipomoea aquatica* Forssk.

形态特征：一年生草本。聚伞花序腋生，具 1~5
朵花；花冠白色、淡红色或紫红色，漏斗状；雄蕊不
等长；子房圆锥状。蒴果卵球形至球形。种子密被短
柔毛或有时无毛。

生境：塘边、河旁，喜温暖湿润，适应性强；常
见有栽培，但也逸为野生。

繁殖方法：种子繁殖、扦插繁殖。

食用部位及方法：嫩茎叶；可炒食。

采摘时间：四季可采摘嫩叶。

推荐等级：★★★★★

45．茄科 Solanaceae

（98）枸杞 *Lycium chinense* Mill.

形态特征：多分枝灌木。单叶互生或簇生。花单生、双生或簇生；花萼通常 3 中裂或 4~5 齿裂；花冠漏斗状，淡紫色，5 深裂；柱头绿色。浆果红色。

生境：生于山坡、荒地、丘陵地、盐碱地、路旁及村边宅旁；常见栽培，也有野生。

繁殖方法：种子繁殖或扦插繁殖。

食用部位及方法：嫩叶、成熟果；嫩叶煮汤，成熟果晾干作为佐料、泡花茶等。

采摘时间：春、夏季嫩叶抽出时采摘。

推荐等级：★★★★★

（99）苦蘵 *Physalis angulata* L.

形态特征：一年生草本。叶全缘或有不等大的牙齿；花冠淡黄色，喉部常有紫色斑纹；花药蓝紫色或有时黄色。果萼卵球状，薄纸质，浆果。

生境：常生于山谷林下及村边路旁，以及生境被扰乱的地方；很常见。

繁殖方法：种子繁殖。

食用部位及方法：嫩茎叶可炒食、煮汤；成熟果生食（Rengifosalgado et al, 2013），果实味道稍酸。

采摘时间：春、夏季可采摘嫩叶；夏、秋季可采果实。

推荐等级：★★★☆☆

（100）少花龙葵 *Solanum americanum* Mill.

形态特征：纤弱草本。叶薄，近全缘。花序近伞形，腋外生，着生 1~6 朵花；萼绿色，5 裂；花冠白色，5 裂，花丝极短，花药黄色；花柱纤细，柱头头状。浆果球状。

生境：生于溪旁、路边或荒地上；常见。

繁殖方法：种子繁殖。

食用部位及方法：嫩叶；可用来跟肉类等煮汤，也可经沸水焯熟，再以清水浸泡后炒食等。

采摘时间：四季可采摘嫩叶。

推荐等级：★★★☆☆

（101）水茄 *Solanum torvum* Sw.

形态特征：灌木。小枝、叶下面、叶柄、花序柄及花萼被星状毛。叶单生或双生；中脉、侧脉在下面少刺或无刺。伞房花序腋外生；花白色；萼杯状，5裂；花冠辐形。浆果黄色，圆球形。

生境：喜生长于路旁和荒地；常见。

繁殖方法：种子繁殖。

食用部位及方法：果实；可清炒或与肉类炒食（许又凯 等，2002）等。

采摘时间：四季可采摘。

推荐等级：★★★★☆

46. 车前科 Plantaginaceae

（102）大车前 *Plantago major* L.

形态特征：二年生或多年生草本。叶基生呈莲座状；穗状花序细圆柱状；苞片宽卵状三角形，龙骨突宽厚。花冠白色。雄蕊着生于冠筒内面近基部，与花柱明显外伸，花药淡紫色，稀白色。蒴果近球形。

生境：生于河滩、沟边、山坡、田边或荒地；常见。

繁殖方法：种子繁殖。

食用部位及方法：嫩叶；炒食、煮汤、泡茶等。

采摘时间：春、夏季可采摘嫩叶炒食或煮汤；夏、秋季可采老叶晒干煮水。

推荐等级：★★★☆☆

47. 爵床科 Acanthaceae

（103）老鼠簕 *Acanthus ilicifolius* L.

形态特征：直立灌木。托叶成刺状；叶片有 3~5 浅裂的三角形裂片。穗状花序顶生；花冠白色，雄蕊 4，花药 1 室，花丝粗厚；子房顶部软骨质，花柱有纵纹；柱头 2 裂。蒴果。

生境：生于红树林、沼泽地；常见。

食用部位及方法：嫩叶；可泡茶（Singh et al, 2009；Saranya et al, 2015）。

采摘时间：四季均可采摘。

推荐等级：★★★☆☆

（104）小花老鼠簕 *Acanthus ebracteatus* Vahl

形态特征：直立灌木。托叶刺状；叶片边缘 3~4 不规则羽状浅裂。穗状花序顶生；无小苞片；花冠白色；雄蕊 4，花药 1 室，花丝粗；子房椭圆形，花柱线形，柱头 2 裂。蒴果。

生境：生于红树林、沼泽地；少见。

食用部位及方法：嫩叶；可泡茶（Saranya et al, 2015）。

采摘时间：四季均可采摘。

推荐等级：★★★☆☆

（105）宽叶十万错 *Asystasia gangetica*（L.）T. Anderson

形态特征：多年生草本。叶几全缘；总状花序顶生；花冠略二唇形，有紫红色斑点，白色、米白色、淡紫色或紫色。雄蕊4，在基部两两结合成对，花药紫色，花盘杯状，浅裂。蒴果。

生境：生于林缘、路边；常见栽培。

繁殖方法：扦插繁殖、种子繁殖。

食用部位及方法：嫩茎叶（李海渤 等，2007）；炒食或煮汤等，味道爽脆可口。

采摘时间：嫩叶四季可采摘。

推荐等级：★★★★★

（106）白骨壤 *Avicennia marina*（Forssk.）Vierh.

形态特征：灌木。小枝四方形。叶对生。聚伞花序紧密成头状；花冠黄褐色，顶端4裂；雄蕊4，着生于花冠管内喉部而与裂片互生，花丝极短，花药2室，纵裂。果近球形，有毛。

生境：生长于海边和盐沼地带，适应性较广，为组成海岸红树林的植物种类之一。

食用部位及方法：果实、种子；用沸水煮后，去皮，再以清水浸泡数小时去除涩味后可炒食、凉拌等，也可作饲料，又可治痢疾。广西北海人民称之为"榄钱"，喜欢将处理过的果实与田螺炒食。

采摘时间：每年7—9月果实成熟期均可采摘。

推荐等级：★★☆☆☆

（107）狗肝菜 *Dicliptera chinensis*（L.）Juss

形态特征：草本。花序腋生或顶生，由 3~4 个聚伞花序组成；花冠淡紫红色，有紫红色斑点；雄蕊 2，药室 2，卵形，一上一下。蒴果。

生境：生于疏林下、溪边、路边；常见。

繁殖方法：扦插繁殖、种子繁殖。

食用部位及方法：嫩茎叶；可炒食、凉拌等（唐坤宁，2005）。

采摘时间：嫩叶可于春、夏季采摘。

推荐等级：★★★☆☆

48. 唇形科 Lamiaceae

（108）益母草 *Leonurus japonicus* Houtt.

形态特征：一年生或二年生草本。茎四棱形。叶对生，叶形变化大。轮伞花序腋生；萼管状钟形，花冠粉红色至淡紫红色，二唇形，花药卵圆形。花柱丝状。小坚果长圆状三棱形。

生境：适生环境多样，路旁、田边、海边、荒地等；常见。

繁殖方法：种子繁殖。

食用部位及方法：嫩叶；可炒食或煲汤等（张秋燕，2004）。

采摘时间：嫩叶可于春、夏季采摘。

推荐等级：★★★★★

49. 草海桐科 Goodeniaceae

（109）草海桐 *Scaevola taccada*（Gaertn.）Roxb.

形态特征：直立或铺散灌木或小乔木。有时枝上生根。叶螺旋状排列集生于枝端，叶匙形至倒卵形，顶端圆钝、平截或微凹，稍肉质。聚伞花序腋生；花冠白色或淡黄色。核果卵球状，白色。

生境：生于海岸沙地或海岸峭壁上。

繁殖方法：种子繁殖、压条繁殖。

食用部位及方法：成熟果；可食。

采摘时间：秋、冬季采摘成熟果。

推荐等级：★★★★☆

50. 菊科 Asteraceae

（110）茵陈蒿 *Artemisia capillaris* Thunb.

形态特征：半灌木状草本。具浓烈的香气。营养枝有密集叶丛，基生叶密集着生，常成莲座状；二至三回羽状叶全裂。头状花序卵球形，稀近球形常排成复总状花序或大型、开展的圆锥花序。花冠狭管状或狭圆锥状，淡黄色，瘦果长圆形或长卵形。

生境：生于海岸附近的湿润沙地、路旁及低山坡地区。

繁殖方法：种子繁殖。

食用部位及方法：嫩叶；沸水焯过后炒食或凉拌。

采摘时间：春季采摘嫩叶。

推荐等级：★★★★☆

（111）五月艾 *Artemisia indica* Willd.

形态特征：半灌木状草本，植株具浓香气。叶背面密被灰白色蛛丝状茸毛。头状花序在茎上组成圆锥花序；花序托小而凸起；雌花 4~8 朵，檐部紫红色；两性花 8~12 朵，花冠檐部紫色。瘦果长圆形或倒卵形。

生境：多生于路旁、林缘、坡地及灌丛处，有栽培；常见。

繁殖方法：种子繁殖。

食用部位及方法：嫩叶；可炒食，也可加入糯米做成糍粑。

采摘时间：嫩叶可于春、夏季采摘。

推荐等级：★★★★★

（112）野菊 *Chrysanthemum indicum* L.

形态特征：多年生草本。头状花序多数，在茎枝顶端排成疏松的伞房圆锥花序或少数在茎顶排成伞房花序；管状两性花在中央；边缘舌状花黄色。瘦果，无冠毛。

生境：生于山坡草地、灌丛、河边水湿地、滨海盐渍地、田边及路旁；常见。

繁殖方法：种子繁殖。

食用部位及方法：嫩茎叶可炒食或凉拌；花可泡茶、煮汤。

采摘时间：嫩叶可于春、夏季采取；花一般在夏、秋季采摘。

推荐等级：★★★★☆

（113）野茼蒿 *Crassocephalum crepidioides*（Benth.）
S. Moore

形态特征：直立草本。头状花序数个在茎端排成
伞房状；总苞钟状，小花全为管状花，两性，花冠红
褐色或橙红色。瘦果狭圆柱形，赤红色；白色冠毛绢
毛状，极多数，易脱落。

生境：山坡路旁、水边、荒地；常见。

繁殖方法：种子繁殖。

食用部位及方法：嫩茎叶；可炒食、作火锅配菜、
煮汤等（黄秋生 等，2008）。

采摘时间：嫩叶可于春、夏季采摘。

推荐等级：★★★★★

（114）一点红 *Emilia sonchifolia*（L.）DC.

形态特征：一年生草本。基生叶分裂。头状花序红色或紫红色，管状花两性；花序梗细；总苞与小花等长，小花粉红色或紫色。瘦果 5 深裂，冠毛丰富，白色，细软。

生境：常生于山坡荒地、田埂、路旁；常见。

繁殖方法：种子繁殖。

食用部位及方法：嫩茎叶有些许苦味，可直接炒食、煮汤（张燕 等，2010）等；老植株可用来煮汤（Siemonsma et al, 1994）。

采摘时间：嫩叶可于春、夏季采摘。

推荐等级：★★★★★

（115）红凤菜 *Gynura bicolor*（Roxb. ex Willd.）DC.

形态特征：多年生草本，全株无毛。头状花序多数，排成疏伞房状；小花橙黄色至红色。瘦果圆柱形；白色绢毛状冠毛多，易脱落。

生境：生于山坡林下、岩石上或河边湿处，有栽培；常见。

繁殖方法：种子繁殖。

食用部位及方法：嫩叶；可炒食、凉拌、煮汤等（李响 等，2006；林春华 等，2006）。

采摘时间：嫩叶可于春、夏季采摘。

推荐等级：★★★★★

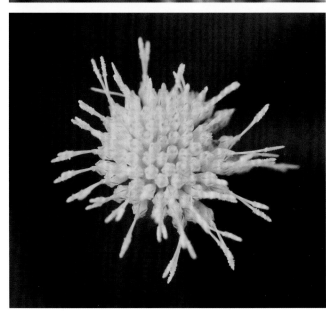

（116）白子菜 *Gynura divaricata*（L.）DC.

形态特征：多年生草本。叶质厚。头状花序，排成疏伞房状圆锥花序，常呈叉状分枝。小花橙黄色，有香气，略伸出总苞。瘦果圆柱形，冠毛白色，绢毛状。

生境：生于海岸沙地，红树林外缘、荒坡和田边潮湿处；常见。

繁殖方法：种子繁殖、扦插繁殖。

食用部位及方法：嫩茎叶；炒食（曾宪锋 等，2005）。

采摘时间：嫩叶可于春、夏季采摘。

推荐等级：★★★★☆

（117）翅果菊 *Lactuca indica* L.

形态特征：一年生或二年生草本。头状花序顶生，排成圆锥花序或总状圆锥花序，全部苞片边缘染紫红色。舌状小花 25 枚，黄色。瘦果椭圆形。

生境：生于山坡或荒地；常见。

繁殖方法：种子繁殖。

食用部位及方法：嫩茎叶；炒食、煮汤（邱贺媛等，2005）。

采摘时间：嫩叶可于春、夏季采摘。

推荐等级：★★★☆☆

（118）拟鼠麹草 *Pseudognaphalium affine*（D. Don.）Anderb.

形态特征：一年生草本。被白色厚绵毛。叶匙形。头状花序再组成伞房花序，花黄色至淡黄色；总苞金黄色或柠檬黄色；雌花多数；管状两性花较少。瘦果倒卵形或倒卵状圆柱形，有乳突。

生境：生于海岸坡地；常见。

繁殖方法：种子繁殖。

食用部位及方法：嫩叶、花；与五月艾切碎后加入糯米做成糍粑。

采摘时间：嫩叶可于春、夏季采摘。

推荐等级：★★★★★

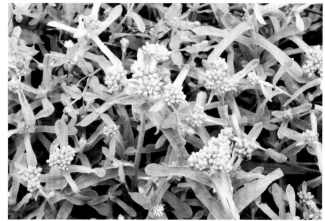

（119）苦苣菜 *Sonchus oleraceus* L.

形态特征：一年生或二年生草本。单叶互生。头状花序顶生，排列成聚伞状。总苞宽钟状；舌状小花多数，黄色，雄蕊与子房下位，柱头2裂。瘦果长椭圆形，有横皱纹。

生境：生于山坡、林缘、空旷处；常见。

繁殖方法：种子繁殖。

食用部位及方法：嫩茎叶；可炒食或凉拌（王跃强，2008）。

采摘时间：嫩叶可于春、夏季采摘。

推荐等级：★★★★☆

（120）黄鹌菜 *Youngia japonica*（L.）DC.

形态特征：一年生草本。茎直立，单生或成簇生。叶及叶柄被柔毛。头状花序具舌状花 10~20 朵，黄色，组成伞房花序。瘦果纺锤形，具糙毛状冠毛。

生境：生于山坡、林下、荒地、路旁；极常见。

繁殖方法：种子繁殖。

食用部位及方法：未开花的嫩苗或嫩茎叶；洗净、沸水烫过后凉拌、炒食、煮汤均可。

采摘时间：嫩叶可于春、夏季采摘。

推荐等级：★★★★★

51. 忍冬科 Caprifoliaceae

（121）华南忍冬 *Lonicera confusa* DC.

形态特征：半常绿灌木。叶纸质，卵形至卵状矩圆形。花具香味，双花腋生或集合成短总状花序，有明显总苞叶；花冠白色，后变黄色，唇形。果实黑色。

生境：生于山坡、杂木林、旷野路旁。

繁殖方法：种子繁殖。

食用部位及方法：花；晒干后泡水饮用。

采摘时间：春、夏季采摘鲜花。

推荐等级：★★★★☆

52. 五加科 Araliaceae

（122）白簕 *Eleutherococcus trifoliatus*（L.）S. Y. Hu

形态特征：灌木。小叶 3，稀 4~5。伞形花序、顶生复伞形花序或圆锥花序；花黄绿色；花瓣 5，开花时反曲；雄蕊 5；花柱 2。果实扁球形，黑色。

生境：生于村落、山坡路旁、林缘和灌丛中。

繁殖方法：种子繁殖。

食用部位及方法：嫩茎叶；生食、炖肉（张秋燕等，2003；肖肖 等，2015）。

采摘时间：嫩叶于春、夏季采摘为宜。

推荐等级：★★★☆☆

53. 伞形科 Apiaceae

（123）积雪草 *Centella asiatica*（L.）Urb.

形态特征：多年生草本，匍匐。叶片圆形、肾形或马蹄形。伞形花序聚生于叶腋；花瓣卵形，紫红色或乳白色。果实两侧扁压，圆球形，基部心形至平截形。

生境：喜生于阴湿的草地或水沟边。

繁殖方法：分株繁殖。

食用部位及方法：嫩茎叶；可炒食或煮汤。

采摘时间：嫩叶于春、夏季采摘为宜，做汤用时四季可采摘。

推荐等级：★★★☆☆

（124）刺芹 *Eryngium foetidum* L.

形态特征：二年生或多年生草本。基生叶披针形或倒披针形；头状花序圆柱形，无花序梗；花瓣白色、淡黄色或草绿色。果卵圆形或球形，表面有瘤状凸起，果棱不明显。

生境：生于丘陵、路旁、沟边等湿润处；少见。

繁殖方法：种子繁殖。

食用部位及方法：嫩苗；做菜、做调味品（魏团仁 等，2009）。

采摘时间：四季可采摘。

推荐等级：★★★★☆

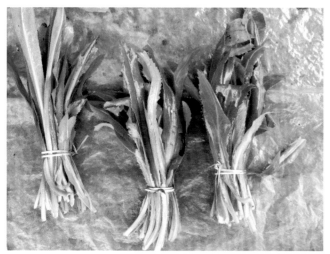

（125）滨海前胡 *Peucedanum japonicum* Thunb.

形态特征：多年生粗壮草本。茎圆柱形，多分枝。基生叶具长柄，具宽阔叶鞘抱茎，边缘耳状膜质；叶片宽大质厚，阔卵状三角形，一至二回三出式分裂，两面光滑无毛，粉绿色。伞形花序分枝，花序梗粗壮。花瓣紫色，少为白色。

生境：生于滨海滩地或近海山地。

繁殖方法：种子繁殖。

食用部位及方法：嫩叶炒食，根可炖肉食。

采摘时间：春、秋季采摘嫩叶；夏、秋季采收根茎。

推荐等级：★★★★☆

参考文献

巴逢辰，冯志高，1994．中国海岸带土壤资源 [J]．自然资源，16(1): 8-14.

曾宪锋，洪春苗，邱贺媛，2005．白子菜硝酸盐和亚硝酸盐的含量 [J]．食品科学，26(8): 297-299.

陈宝铭，1992．关中常见的野生蔬菜 [J]．植物杂志，1992(3): 15.

陈国元，朱旭东，陈素娟，2012．野生马齿苋生物学特性调查 [J]．中国野生植物资源，31(5): 61-63.

陈美珍，陈伟洲，宋彩霞，2010．海蓬子营养成分分析与急性毒性评价 [J]．营养学报，2010(3): 286-289.

陈前，万泗梅，2005．保健野生蔬菜甜麻叶栽培技术要点 [J]．福建农业科技，2005(1): 21-22.

陈艺轩，钟玲，周雨薇，等，2011．凹头苋组织培养及快速繁殖的研究 [J]．现代园艺，2011(12): 6-8.

丁翠美，邵靖霞，陈秀洁，2012．天然绿色蔬菜番杏的栽培技术 [J]．吉林蔬菜，2012(5): 30-31.

丁利君，陈西，马清强，2005．几种潮州野菜中营养成分和鞣酸含量分析 [J]．农产品加工（学刊），2005(12): 71-72.

范伟，李文静，付桂，等，2010．一种兼具研究与应用开发价值的盐生植物——海马齿 [J]．热带亚热带植物学报，2010(6): 689-695.

高晖，吴学明，刘玉萍，等，2006．青海省东部农业区救荒野豌豆资源储量及开发利用前景研究 [J]．安徽农业科学，34(5): 970-971.

顾关云，蒋昱，2009．磨盘草及苘麻属植物的化学成分与药理作用 [J]．现代药物与临床，24(6): 338-340.

关佩聪，刘厚诚，罗冠英，2000．广东野生蔬菜资源的分类与利用 [J]．华南农业大学学报，21(4): 7-11，50.

关佩聪，刘厚诚，罗冠英，2013．中国野生蔬菜资源 [M]．广州：广东科技出版社．

黄丽华，李芸瑛，2014．艾叶的营养成分分析 [J]．食品研究与开发，35(20): 124-127.

黄亮华，郭碧瑜，谭雪，等，2006．3 种常用野菜的硝酸盐含量和主要营养成分的测定 [J]．广西园艺，17(4): 38-39.

黄秋生，郭水良，方芳，等，2008．野生蔬菜野茼蒿营养成分分析及重金属元素风险评估 [J]．科技通报，24(2): 198-203.

黄志娟，2009．木槿繁殖与栽培技术 [J]．广西林业科学，2009(2): 127-128.

姬生国，杨克伟，何纯瑶，等，2012．龙珠果的显微鉴定 [J]．中药材，35(3): 391-393.

蹇黎，朱利泉，2008．贵州几种常见野菜营养成分分析 [J]．北方园艺，2008(9): 45-47.

赖兴凯，林南雄，陈金章，等，2016．耐盐植物番杏在泉州湾的栽培试验 [J]．福建农业科技，2016(1): 24-27.

李刚凤，杨天友，高健强，等，2016．土人参不同部位营养成分分析与评价 [J]．食品工业，37(7): 295-298.

李海渤，蓝日婵，2007．宽叶十万错多糖最佳提取工艺研究 [J]．安徽农业科学，35(32): 10227-10228.

李文芳，晏丽，向宁，2013．刺三加叶组成成分与质量分析 [J]．天然产物研究与开发，2013(25): 1077-1080.

李响，王俊杰，2006．营养保健型蔬菜紫背天葵栽培管理技术 [J]．天津农业科学，12(1): 44-45.

李秀芬，张建锋，朱建军，等，2014．木槿开花特性及食用价值 [J]．经济林研究，32(1): 175-178.

李毓敬，林初潜，潘文斗，1998．木本野菜守宫木 [J]．广东农业科学，1998(4): 18-19.

梁毅，陈君丽，吴思洋，等，2010．落葵薯化学成分及急性毒性实验研究 [J]．临床医学工程，17(1): 57-58.

林春华，谭雪，郭碧瑜，等，2006．几种人工栽培野菜的营养成分及食用价值评价 [J]．广东农业科学，2006(7): 23-24.

林宏凤，黎瑞珍，吴清权，2009．五指山特色蔬菜守宫木、马齿苋中水分、粗脂肪含量的测定 [J]．琼州学院学报，16(2): 57-59.

林金成，强胜，2004．空心莲子草营养繁殖特性研究 [J]．上海农业学报，2004(4): 96-101.

缪金伟，2014．皱果苋利用价值及栽培管理 [J]．特种经济动植物，2014(4): 41-42.

盘李军，刘小金，2010．辣木的栽培及开发利用研究进展 [J]．广东林业科技，26(3): 71-77.

邱贺媛，1999．藜科 4 种野菜维生素 C 和硝酸盐含量的研究 [J]．唐山师专学报，21(5): 73-75.

邱贺媛，曾宪锋，2005．广东 8 种野菜中硝酸盐、亚硝酸盐及 Vc 的含量 [J]．生物学杂志，22(5): 43-44.

邱贺媛，曾宪锋，2008．9 种野菜 (外来入侵植物) 中硝酸盐和亚硝酸盐含量的研究 [J]．安徽农业科学，2008(20): 8541-8542.

石冬梅，刘剑秋，陈炳华，2000．地菍果实营养成分研究 [J]．福建师范大学学报 (自然科学版)，16(3): 69-71.

舒伟，2006．守宫木的组织培养与快速繁殖 [J]．思茅师范高等专科学校学报，2006(6): 9-11.

孙存华，李扬，贺鸿雁，等，2005．藜的营养成分及作为新型蔬菜资源的评价 [J]．广西植物，25(6): 598-601.

孙延军，赖燕玲，王晓明，2011．优良的园林观赏植物——文定果 [J]．广东园林，33(1): 55-56.

唐坤宁，2005．贺州市野生蔬菜资源及开发利用 [J]．长江蔬菜，2005(12): 8-9.

王兵益，杨光映，李体初，等，2014．酸角及 3 个甜角品种的果实形态特征及营养成分分析 [J]．云南大学学报（自然科学版），36(2): 294-298.

王珏，2010．诺丽果与叶营养和功能评价及其产品研发 [D]．硕士学位论文，海口：海南大学．

王瑞江，2017．广东维管植物多样性编目 [M]．广州：广东科技出版社．

王瑞江，任海，2017．华南海岸带乡土植物及其生态恢复利用 [M]．广州：广东科技出版社．

王世敏，段北野，郭文英，2011．鸭跖草的开发与利用 [J]．长春中医药大学学报，27(5): 862.

王秀丽，韩维栋，陈杰，等，2013．山椒子果实营养成分分析及其种子育苗试验 [J]．热带农业科学，33(1): 20-24.

王跃强，2008．苦苣菜开发价值与栽培 [J]．北方园艺，2008(3): 118-119.

魏团仁，张林辉，吕玉兰，等，2009．野生刺芫荽栽培技术 [J]．热带农业科技，32(2): 20-21.

吴松成，2001．薜荔的开发利用及栽培技术 [J]．中国野生植物资源，20(2): 51-52.

吴文珊，方玉霖，1999．薜荔瘦果的营养成分研究 [J]．自然资源学报，14(2): 51-55.

向珣，杨文杰，李成琼，1998．我国野生蔬菜资源开发利用概述 [J]．西南园艺，26(4): 34-35.

肖肖，王小平，黎云祥，等，2015．药食两用白簕的成分鉴定和栽培技术研究进展 [J]．安徽农业科学，43(27): 79-81.

徐芬芬，王芳，王建国，等，2011．江西上饶 5 种野菜硝酸盐和 Vc 含量 [J]．亚热带植物科学，40(2): 32-33.

许良政，刁慈，刘惠娜，等，2011．野生药食两用植物青葙的溶液培养试验 [J]．嘉应学院学报，29(8): 65-70.

许又凯，刘宏茂，2002．中国云南热带野生蔬菜 [M]．北京：科学出版社．

杨成龙，段瑞军，李瑞梅，等，2010．盐生植物海马齿耐盐的生理特性 [J]．生态学报，30(17): 4617-4627.

杨暹，郭巨先，2002．华南主要野生蔬菜的基本营养成分及营养价值评价 [J]．食品科学，23(11): 121-125.

杨兆祥，刘艳华，王丽芳，等，2011．药食兼用植物番杏的栽培技术 [J]．农村实用科技信息，2011(6): 24.

尹泳彪，杨晖，张国秀，2001．附地菜有效成分分析 [J]．中国林副特产，2001(1): 13.

袁卫贤，熊志凡，2003．余甘子栽培技术 [J]．农村实用技术，2003(5): 22-23.

张秋燕，2004.药食两用益母草 [J]．中国食物与营养，2004(10): 57-58.

张秋燕，张福平，2003．野生保健蔬菜——白簕 [J]．食品研究与开发，26(3): 66-67.

张书霞，王宏，2006．广东四种野菜的营养成分分析 [J]．西南园艺，34(2): 23-24.

张伟敏，魏静，施瑞诚，等，2008．诺丽果与热带水果中氨基酸含量及组成对比分析 [J]．氨基酸和生物资源 , 30(3): 37-41，45.

张燕，张洪斌，胡海强，等，2010．一点红的营养成分分析 [J]．食品科技 , 35(5): 87-89.

赵国祥，钱云，张光勇，等，2009．多功能植物闭鞘姜保健食品的开发利用 [J]．热带农业科学，29(4): 47-48.

赵国祥，钱云，张光勇，等，2009．多功能植物闭鞘姜无公害人工栽培技术研究 [J]．热带农业科学，29(4): 43-46.

赵培杰，肖建中，2006．中国野菜资源学 [M]．北京 : 中国环境科学出版社 .

赵天瑞，樊建，李永生，等，2004．云南野生闭鞘姜的营养成分研究 [J]．西南农业大学学报 (自然科学版)，26(4): 456-458.

赵雨云，张开文，戴永强，等，2008．永州 4 种野菜营养成分及亚硝酸盐含量的测定 [J]．中国农学通报，24(10): 115-117.

庄东红，宋娟娟，叶君营，等，2005．一种野生苦瓜的部分形态特征、营养成分和染色体核型 [J]．热带作物学报，26(03): 39-42.

ANDARWULAN N, KURNIASIH D, APRIADY RA, et al, 2012. Polyphenols, carotenoids, and ascorbic acid in underutilized medicinal vegetables[J]. Journal of Functional Foods, 4(1): 339-347.

BARRETT R P, JANICK J, SIMON J E, 1990, Legume species as leaf vegetables[C]. Advances in new crops. Proceedings of the first national symposium 'New crops: research, development, economics', Indianapolis, Indiana, USA, 23-26 October 1988.

BAETHAKUR N N, ARNOLD N P, 1991. Chemical analysis of the emblic (*Phyllanthus emblica* L.) and its potential as a food source[J]. Scientia Horticulturae, 47: 99-105.

BHAGYA B, SRIDHAR K R, SEENA S, et al, 2010. Nutritional evaluation of tender pods of *Canavalia maritima* of coastal sand dunes[J]. Frontiers of Agriculture in China, 4(4): 481-488.

COTA-SANCHEZ J H, 2016. Nutritional composition of the Prickly Pear (*Opuntia ficus-indica*) fruit[M]// Preedy V R, Nutritional Composition of Fruit Cultivars. San Diego: Academic Press, 691-712.

GBADAMOSI R O, ADEOLUWA O O, 2014. Improving the yield of *Celosia argentea* in organic farming system with system of crop intensification[C]. Building Organic Bridges, Istanbul, Turkey, Proceedings of the 4th ISOFAR Scientific Conference.

GRUBBEN G J H, 1977. Tropical vegetables and their genetic resources[M]. Rome: International Bord for Plant Genetic Resources.

GUPTA S, JYOTHI LAKSHMI A, MANJUNATH M N, et al, 2005. Analysis of nutrient and antinutrient content of underutilized green leafy vegetables[J]. LWT - Food Science and Technology, 38(4): 339-345.

JAIBOON V, BOONYANUPHAP J, SUWANSRI S, et al, 2010. Alpha amylase inhibition and roasting time of local vegetables and herbs prepared for diabetes risk reduction chili paste[J]. Asian Journal of Food and Agro-Industry, 3(1): 1-12.

JAIN A K, BARUA P T, BASHIR M, 2010. Nutritive aspects of *Oxalis corniculata* L. used by tribals of central India during scarcity of food[J]. Journal of American Science, 6(11): 435-437.

JIMENEZ-AGUILAR D M, GRUSAK M A, 2017. Minerals, vitamin C, phenolics, flavonoids and antioxidant activity of *Amaranthus* leafy vegetables[J]. Journal of Food Composition and Analysis, 58: 33-39.

JOSHI K, CHATURVEDI P, 2013. Therapeutic efficiency of *Centella asiatica* (L.) Urb. an underutilized green leafy vegetable: an overview[J]. International Journal of Pharma and Bio Sciences, 4(1): 135−149.

LEITE J F M, SILVA J A D, GADELHA T S, et al, 2009. Nutritional value and antinutritional factors of foliaceous vegetable *Talinum fruticosum*[J]. Revista do Instituto Adolfo Lutz, 68(3): 341−345.

LOKHANDE V H, NIKAM T D, GHANE S G, et al, 2010. In vitro culture, plant regeneration and clonal behaviour of *Sesuvium portulacastrum* (L.) L.: a prospective halophyte[J]. Physiology and Molecular Biology of Plants, 16(2): 187−193.

LOKHANDE V H, NIKAM T D, SUPRASANNA P, 2009. *Sesuvium portulacastrum* (L.) L. a promising halophyte: cultivation, utilization and distribution in India[J]. Genetic Resources and Crop Evolution, 56(5): 741−747.

MORELLI C F, CAIROLI P, SPERANZA G, et al, 2006. Triglycerides from *Urena lobata*[J]. Fitoterapia, 77(4): 296−299.

ODHAV B, BEEKRUM S, AKULA U, et al, 2007. Preliminary assessment of nutritional value of traditional leafy vegetables in KwaZulu-Natal, South Africa[J]. Journal of Food Composition and Analysis, 20(5): 430−435.

OGLE B M, JOHANSSON M, TUYET H T, et al, 2001. Evaluation of the significance of dietary folate from wild vegetables in Vietnam[J]. Asia Pacific Journal of Clinical Nutrition, 10(3): 216−221.

RENGIFOSALGADO E L, VARGASARANA G, 2013. *Physalis angulata* L. (Bolsa Mullaca): a review of its traditional uses, chemistry and pharmacology[J]. Latin American and Caribbean Bulletin of Medicinal and Aromatic Plants, 12(5): 431−445.

SARANYA A, RAMANATHAN T, KESAVANARAYANAN K S, et al, 2015. Traditional medicinal uses, chemical constituents and biological activities of a Mangrove plant, *Acanthus ilicifolius* Linn.: a brief review[J]. American−Eurasian Journal of Agricultural & Environmental Sciences, 15(2): 243−250.

SHEELA K, KAMAL G N, VIJAYALAKSHMI D, et al, 2004. Proximate composition of underutilized green leafy vegetables in Southern Karnataka[J]. Journal of Human Ecology, 15(3): 227−229.

SIEMONSMA J S, PILUEK K, 1994. Plant resources of South−East Asia No 8. Vegetables[M]. Bogor, Indonesia: Prosea Foundation.

SINGH A, DUGGAL S, SUTTEE A, 2009. *Acanthus ilicifolius* Linn.−lesser known medicinal plants with significant pharmacological activities[J]. International Journal of Phytomedicine, 1(1): 1−3.

SINGH S, SINGH DR, SALIM K M, et al, 2011. Estimation of proximate composition, micronutrients and phytochemical compounds in traditional vegetables from Andaman and Nicobar Islands[J]. International Journal of Food Sciences and Nutrition, 62(7): 765−773.

SWAPNA M M, PRAKASHKUMAR R, ANOOP K, et al, 2011. A review on the medicinal and edible aspects of aquatic and wetland plants of India[J]. Journal of Medicinal Plants Research, 5(33): 7163−7176.

YU M, YUAN W, WANG Y B, 2011. Study on the preparation of *Tamarindus indica* L. Soft-sweets[J]. Medical Plant, 2(1): 49−51.

中文名索引

拉丁学名索引